变压器及开关设备
典型缺陷及故障案例分析

广东电网有限责任公司东莞供电局　组编

内 容 提 要

为总结变电设备的运维经验，进一步提升运维人员对设备缺陷、故障的分析与处理能力，提高管理人员分析故障原因及制定相应对策的水平，本书精选20余例典型案例，涉及变压器及断路器设备，对案例经过、产生原因、防范措施等进行详细阐述和分析。

本书所选案例具有一定的普遍性和代表性，可供变电运行、检修、继电保护、通信、自动化专业从业人员日常学习和现场分析时使用，亦可供变电设备管理人员参考。

图书在版编目（CIP）数据

变压器及开关设备典型缺陷及故障案例分析／广东电网有限责任公司东莞供电局组编．—北京：中国电力出版社，2019.11（2021.9重印）

ISBN 978-7-5198-4055-6

Ⅰ．①变…　Ⅱ．①广…　Ⅲ．①变压器故障－故障诊断－案例②开关－故障诊断－案例　Ⅳ．①TM407②TM56

中国版本图书馆CIP数据核字（2019）第256270号

出版发行：中国电力出版社
地　　址：北京市东城区北京站西街19号（邮政编码100005）
网　　址：http://www.cepp.sgcc.com.cn
责任编辑：苗唯时（010-63412340）
责任校对：黄　蓓　马　宁
装帧设计：郝晓燕
责任印制：石　雷

印　　刷：三河市万龙印装有限公司
版　　次：2019年12月第一版
印　　次：2021年9月北京第二次印刷
开　　本：710毫米×1000毫米　16开本
印　　张：8.5
字　　数：128千字
定　　价：58.00元

编　委　会

主　　编　王永源　梁竞雷

副 主 编　宁雪峰　姚俊钦　李元佳

编写人员　谭传明　莫镇光　孔惠文　林志强　李　龙

谢伟光　卜启铭　樊俊鹏　李焕明　温景和

陈志荣　叶汉华　袁淦钦　黄铜根　张　裕

徐治洪　李让锋　叶伟文　叶沛文　杨锡锋

王　荣　周柏洪　钟敬维　卢汉尧　黄永平

谢若锋　陈兆锋　邱晓丽　芦大伟　郑再添

刘　文　李帝周　张智华　李小龙　黄葵平

谢肇轩　陈文睿　冯永亮　蔡利群　张　琳

程天宇　曾秀文

前言

变电设备的运行维护工作，对保障电网的安全稳定具有十分重要的意义。随着新设备、新技术的广泛应用，设备缺陷、故障、隐患等随之增加，且各类设备缺陷、故障的起因也不尽相同，如：设备制造工艺不良、检修试验过程中的维护不当、电气设备长期运行引起的绝缘老化、外力破坏以及不可抗的自然灾害等。正确分析设备缺陷、故障产生原因，有助于现场人员采取合理的处理措施，缩短事件抢修时间，有效预防事故的发生及扩大。

为总结变电设备的历史运维经验，进一步提高运维人员对设备缺陷、故障分析与处理的能力，提高管理人员分析故障原因及制定相应对策的水平，东莞供电局组织生产一线专业技术人员编写了本书。

本书收集精选了东莞供电局近年来变电设备典型缺陷及故障案例，深入剖析了现今电网主流运行设备的常见异常情况，为变电从业人员提供典型的案例以供参考。本书具有以下几个特点：一是实用、易学，可帮助提高一线电力工人现场分析设备缺陷、故障的能力；二是针对性强，涵盖变压器、断路器类设备的常见缺陷及故障；三是遵照中国南方电网有限责任公司相关规程及标准，对案例提出改进建议。

本书在编写过程中得到了各级领导的大力支持，书中的大量现场照片及分析资料凝聚了现场运行、检修、继电保护、试验和管理人员的心血，在此对各级领导及同仁表示感谢。

由于时间仓促，书中不妥之处恳请广大读者批评指正。

编　者

目　录

断路器篇

220kV 线路 GIS 断路器防慢分装置事故分析

1　事故简介

2017 年 06 月 21 日，GC 变电站在进行 220kV GP 乙线启动前验收工作时，发现该线路断路器 A 相断路器机构中的防慢分装置上，其弹性开口销没按要求装入相应的位置，现场插销位置如图 1 所示。

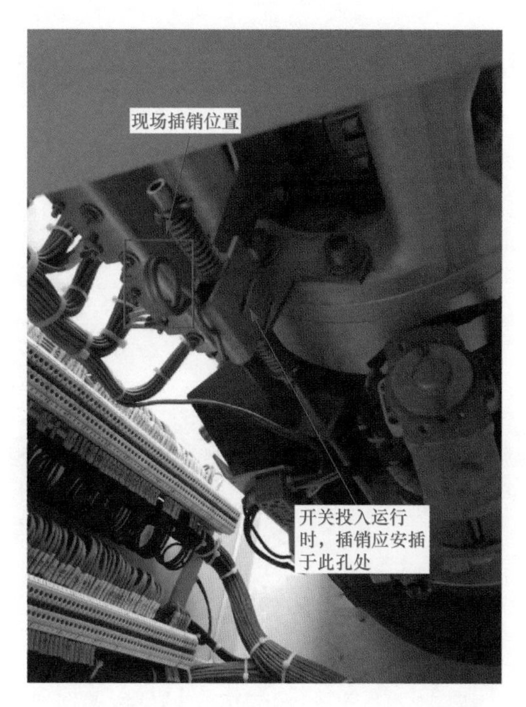

图 1　220kV GP 乙线断路器 A 相防慢分装置情况

2　事故分析

GC 变电站 220kV GP 甲、乙线线路正式改造前，为 220kV GZ 甲、乙线，其断路器属于气体绝缘金属封闭开关设备用断路器，型号为：ZWF9-252(L)/Y4000-50，配用CYA3-II液压弹簧操动机构。

CYA3-II液压弹簧操动机构采用HMB-4.3型液压弹簧操动机构，基本上由储能模块、监测模块、控制模块、打压模块、工作模块五个功能模块组成。

为更好地理解防慢分装置的作用，现将断路器分合闸的过程分别分析，其操动机构工作原理示意图如图2所示。

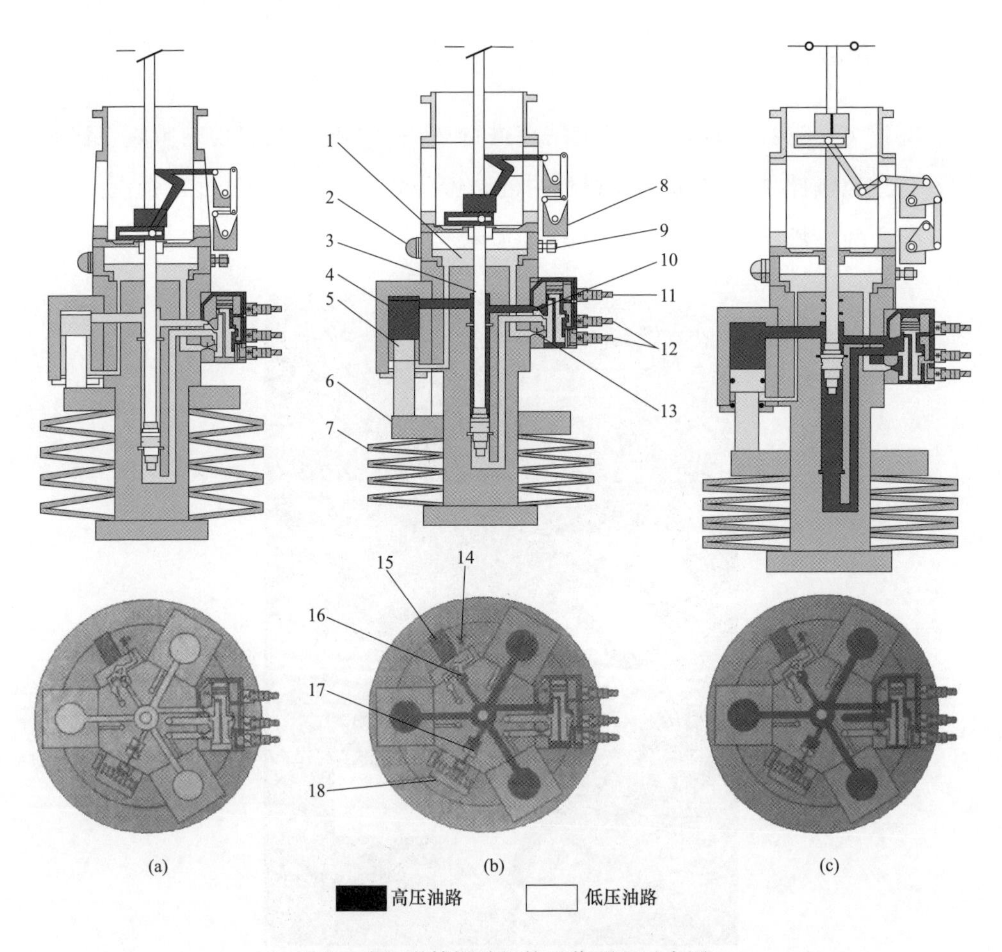

图2　液压弹簧操动机构工作原理示意图

(a) 未贮能，分闸状态；(b) 已贮能，分闸状态；(c) 已贮能，合闸状态

1—低压油箱；2—油位指示器；3—工作活塞杆；4—高压油腔；5—贮能活塞；6—支撑环；7—碟簧；8—辅助开关；9—注油孔；10—合闸节流阈；11—合闸电磁阈；12—分闸电磁阈；13—分闸节流阈；14—排油阈；15—贮能电机；16—柱塞油泵；17—泄压阈；18—行程开关

（1）储能。当储能电机接通时，油泵将低压油箱的油压入高压油腔，三组相同结构的储能活塞在液压力的作用下，向下压缩碟簧而储能。

（2）合闸操作。当合闸电磁阀线圈带电时，合闸电磁阀动作，高压油进入换向阀的上部，在差动力的作用下，换向阀芯向下运动，切断了工作活塞下部原来与低压油箱连通的油路，而与储能活塞上部的高压油路接通。这样，工作活塞在差动力的作用下，快速向上运动，带动断路器合闸。

（3）分闸操作。当分闸电磁阀线圈带电时，分闸电磁阀动作，换向阀上部的高油压腔与低压油箱导通而失压，换向阀芯向上运动，切断了原来与工作活塞下部相连通的高压油路，而使工作活塞下部与低油油箱连通失压。工作活塞在上部高压油的作用下，迅速向下运动，带动断路器分闸。

（4）机械防慢分装置，CYA3-Ⅱ液压弹簧操动机构的换向阀本身就具有失压防慢分的功能，为了保证可靠防慢分，还设置了机械防慢分装置，如图 3 所示。先将合闸位置闭锁销 2 弹性开口销拔出，试验完后随即装上。

其中图 3（a）为机构正常工作状态，图 3（b）为失压状态。断路器处于合

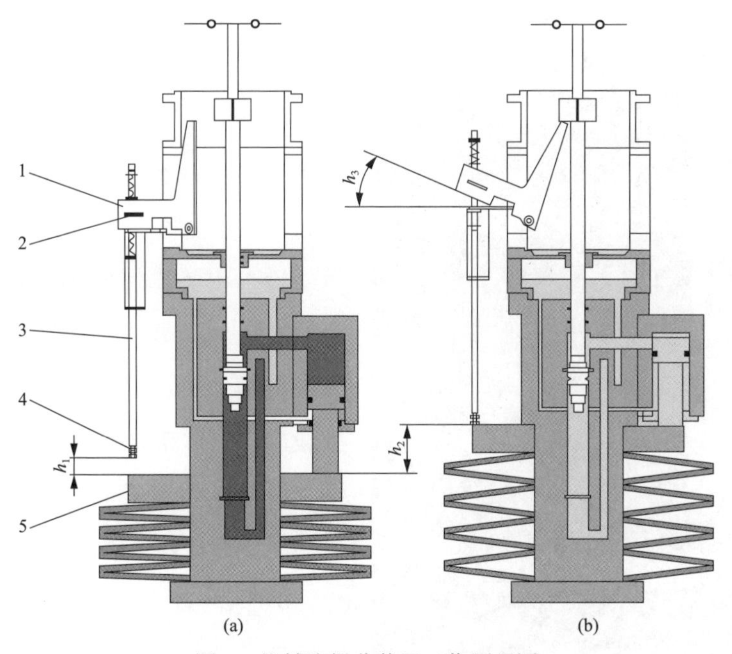

图 3　机械防慢分装置工作原理图

1—拐臂；2—弹性开口销；3—连杆；4—调整螺栓；5—支撑环

闸位置，一旦机构液压系统出现失压故障，支撑环5受到弹簧力的作用，向上运动 h_2，推动连杆3，连杆3带动拐臂1顺时针转动 h_3，支撑住向下慢分的活塞杆，使断路器始终保持在合闸位置。

待机构的故障排除后重新储能，在储能活塞的作用下，支撑环5向下运动压缩碟簧，连杆3在复位弹簧力的作用下，带动拐臂1逆时针转动，脱离活塞杆，使其恢复正常工作状态。

通过原理分析可知，防慢分装置通过机械闭锁的作用，能使断路器合闸位置在失压的状态下，支撑住向下慢分的活塞杆，使断路器始终保持在合闸位置，阻止断路器在压力不够的情况下进行分闸。而弹性开口销拔出后，其拐臂与连杆失去连接，导致拐臂不能在连杆的作用下进行转动，使防慢分装置失去机械闭锁作用，存在断路器慢分的危险。一旦断路器发生慢分，将导致电弧不易熄灭，造成短路，形成事故。

3 事故处理

发现该情况后，值班员立刻汇报当值班长，并重新检查准备投运的220kV GP甲线断路器及220kV GP乙线断路器各相机构，以免有同类情况出现。随即班站长联系检修专业人员到现场进行进一步的检查。

图4 正确安装弹性开口销后的防慢分装置

检查相关厂家资料，其安装使用说明书上明确要求，弹性开口销2只在断路器检修时进行慢分、慢合试验才拔出，工作完成后需将弹性开口销2装上，即在断路器非进行慢分、慢合试验时，弹性开口销应按要求插入。

6月23日，检修专业人员到场检查断路器机构情况后，重新安装弹性开口销，将该隐患及时排除。

正确安装位置如图 4 所示。

4 事故总结

断路器防慢分装置漏投将给断路器慢分提供可能，进一步导致设备损坏事故事件的发生，而 GIS 断路器防慢分装置安装位置较为隐蔽，不容易让值班员检查清楚。为避免出现这些严重后果，作出如下总结：

（1）对 GIS 设备进行验收时，应加强对防慢分装置的检查，及时发现潜在问题。

（2）将 GIS 断路器防慢分装置的原理在站内进行宣贯，加入培训计划，引起站内人员的重视，加强防范意识。

10kV 馈线跳闸后重合闸不动作检查分析

1 事故简介

2015 年 08 月 12 日 08 时 48 分 09 秒 265 毫秒，10kV F20 JJ 线 720 断路器限时电流速断保护动作跳闸，但保护重合闸未起动（重合闸处于投入状态）。保护动作二次电流为 I_c＝62.09A（三相故障，C 相最大电流），折算一次电流为 62.09×600/5＝7450.8A。现场检查保护整定情况如下：执行定值单为 14-0100-20，限时电流速断定值为 25A/0.2s，重合闸时间为 1s，开关 TA 变比为 600/5。

2 事故分析

重合闸装置是将因故障跳开后的断路器按需要自动投入的一种自动装置。输电线路故障的性质，大多数属瞬时性故障，约占总故障次数的 80%～90%。

线路上装设重合闸后，重合闸本身不能判断故障是否属瞬时性，因此，如果故障是瞬时性的，则重合闸能成功；如果故障是永久性的，则重合后由继电保护再次动作断路器跳闸，重合不成功。运行实践表明，线路重合闸的动作成功率约在 60%～90%之间。

对自动重合闸装置的基本要求如下：

（1）正常运行时，当断路器由继电保护动作或其他原因而跳闸后，自动重合闸装置均应动作。

（2）由运行人员手动操作或通过遥控装置将断路器断开时，自动重合闸不应起动。

（3）继电保护动作切除故障后，自动重合闸装置应尽快发出重合闸脉冲。

（4）自动重合闸装置动作次数应符合预先的规定。

（5）自动重合闸装置应有可能在重合闸以前或重合闸以后加速继电保护的动作，以便加速故障的切除。

（6）在双侧电源的线路上实现重合闸时，重合闸应满足同期合闸条件。

（7）当断路器处于不正常状态而不允许实现重合闸时，应将自动重合闸装置闭锁。

在发现 10kV F20 JJ 线 720 断路器跳闸不能重合后的情况下，运行人员到站后依次检查一、二次设备运行情况（二次检查结果见图 1），并将结果汇报至配调。因重合闸不能动作，结合以往经验，运行人员首先对 10kV F20 JJ 线重合闸连接片进行检查，检查结果为重合闸连接片在投入状态，打开保护装置查看二次接线，无发现接线松动的情况。

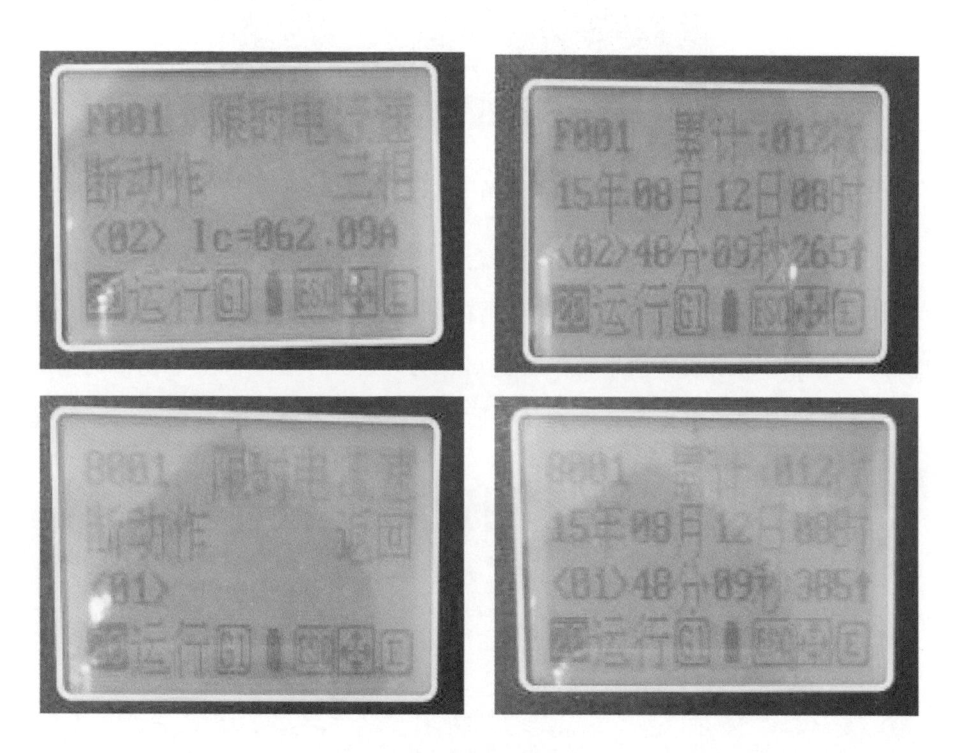

图 1　保护动作信息

因管辖变电站范围内曾出现因重合闸压板接触不良致回路异常的情况，故运行人员取下 10kV F20 JJ 线 720 断路器重合闸连接片并用万用表对该连接片进行电阻测量，测量结果为 0.02kΩ（见图 2），对运行没有很大的影响，故否定了由于重合闸连接片接触不良导致 10kV F20 JJ 线 720 断路器跳闸后重合闸不动作。

图 2　重合闸压板测量结果

运行人员随后去后台机查看监控后台相关信息（见图 3），发现保护跳闸后，重合闸充电复归“信号动作”，即重合闸在保护动作后放电。另外后台 SOE 变为中多次“控制回路断线”信号动作及复归。运行人员怀疑重合闸不动作的情况可能因为某个原因导致重合闸在保护动作后放电，故通知继保人员到站进行检查。

东莞110kV金州变	720馈线间隔	SOE	2015年08月12日08时48分09秒[illegible]毫秒	控制回路断线接点复归
东莞110kV金州变	720馈线间隔	SOE	2015年08月12日08时48分09秒331毫秒	控制回路断线接点动作
东莞110kV金州变	720馈线间隔	SOE	2015年08月12日08时48分09秒[illegible]毫秒	720开关分位　动作
东莞110kV金州变	720馈线间隔	SOE	2015年08月12日08时48分09秒353毫秒	控制回路断线接点复归
东莞110kV金州变	720馈线间隔	SOE	2015年08月12日08时48分09秒[illegible]毫秒	远控位置　动作
东莞110kV金州变	720馈线间隔	SOE	2015年08月12日08时48分09秒336毫秒	控制回路断线接点动作
东莞110kV金州变	720馈线间隔	SOE	2015年08月12日08时48分09秒[illegible]毫秒	控制回路断线接点复归
东莞110kV金州变	720馈线间隔	SOE	2015年08月12日08时48分09秒323毫秒	远控位置　复归
东莞110kV金州变	720馈线间隔	SOE	2015年08月12日08时48分09秒285毫秒	控制回路断线接点动作
东莞110kV金州变	720馈线间隔	SOE	2015年08月12日08时48分09秒283毫秒	720开关合位　复归
东莞110kV金州变	720馈线间隔	SOE	2015年08月12日08时48分09秒280毫秒	保护动作接点动作
东莞110kV金州变	720馈线间隔	SOE	2015年08月12日08时48分09秒105毫秒	限时电流速断保护动作　复归
东莞110kV金州变	720馈线间隔	SOE	2015年08月12日08时48分09秒265毫秒	限时电流速断保护动作　动作
东莞110kV金州变	720馈线间隔	保护事件	2015年08月12日08时48分09秒105毫秒	720保护测控限时电流速断保护动作返回
东莞110kV金州变	[illegible]间隔	SOE	2015年08月12日08时48分10秒150毫秒	10kV II 乙段母线保护动作接点动作
东莞110kV金州变	720馈线间隔	遥信变位	2015年08月12日08时48分10秒378毫秒	事故总信号　动作
东莞110kV金州变	720馈线间隔	遥信变位	2015年08月12日08时48分10秒370毫秒	重合闸充电　复归
东莞110kV金州变	[illegible]间隔	遥信变位	2015年08月12日08时48分10秒378毫秒	10kV II 乙段母线保护动作接点动作
东莞110kV金州变	720馈线间隔	遥信变位	2015年08月12日08时48分10秒378毫秒	保护动作接点动作
东莞110kV金州变	720馈线间隔	遥信变位	2015年08月12日08时48分10秒370毫秒	720开关分位　动作
东莞110kV金州变	720馈线间隔	遥信变位	2015年08月12日08时48分10秒378毫秒	720开关合位　复归
东莞110kV金州变	720馈线间隔	遥信变位	2015年08月12日08时48分10秒268毫秒	限时电流速断保护动作　复归
东莞110kV金州变	720馈线间隔	保护事件	2015年08月12日08时48分09秒265毫秒	720保护测控限时电流速断保护动作[故障类型:ABC][Ic:　62.09(A)]

图 3　监控后台相关信息

本装置中重合闸的充电与放电条件见表 1。

表 1　　重合闸充、放电及起动条件

	不对应起动方式	保护起动方式
“充电条件”	1. 断路器合位：TWJ=0，HWJ=1 2. 断路器在合后状态：HHJ=1 3. 无放电条件	1. 断路器合位，TWJ=0，HWJ=1 2. 断路器合后状态（HHJ）无关 3. 无放电条件
“放电”条件	1. 闭锁重合闸端子有开入 2. 低周减载或过负荷保护动作 3. 控制回路断线 4. 断路器合后状态消失：HHJ=0 5. 大电流闭锁启动	1. 闭锁重合闸端子有开入 2. 低周减载或过负荷保护动作 3. 控制回路断线 4. 保护未动作时断路器跳开：TWJ=1，HWJ=0 5. 大电流闭锁启动
起动条件	1. 重合闸已“充电” 2. 断路器出现不对应状态：TWJ=1，HWJ=0，HHJ=1	1. 重合闸已“充电” 2. 保护发出跳闸命令

3　事故处理

停电检查情况

10kV F20 JJ 线 720 断路器停电进行重合闸不动作检查。当时检查过程如下：

（1）检修专业人员检查及维护辅助开关正常。

（2）不更换操作插件，模拟保护整组传动（重复试验 3 次），保护及重合闸动作正确，无控制回路断线告警信息，整组传动正常。

（3）拔出原操作插件检查，检查插件上元件比较新，未发现插件异常。

（4）考虑到原因未明，防止操作插件合位或跳位继电器偶然抖动造成重合闸拒动，现场更换了保护操作插件。更换后，进行手动分合、保护传动试验等，前后传动开关约 10 次，保护及重合闸均正确动作，无异常情况。

上述检查后，运行人员与继保人员就“重合闸充电复归”信号动作原因查看保护软件逻辑原理图（见图 4），若出现重合闸放电，有以下可能的原因：①闭锁重合闸开入端子有开入信号；②低周减载动作或过负荷保护跳闸动作；③控制回路断线；④HHJ 合后状态消失：HHJ=0；⑤大电流保护动作闭锁重合闸。

根据上述条件，进行逐一排查，排查结果如下：

（1）闭锁重合闸开入端子有开入信号，保护装置未设置闭锁重合闸，故不成立。

（2）低周减载动作或过负荷保护跳闸动作，从装置正面图可以看出，低周减载动作压板并未投入，故也不成立。

（3）控制回路断线，后台监控信息中曾多次出现“控制回路断线”信号动作及复归，待查。

（4）HHJ 合后状态消失：HHJ＝0；在继保人员试验下，经运行人员确认，此项无问题，故也不成立。

（5）大电流保护动作闭锁重合闸。查看保护定值，保护定值均未投入，故也不成立。

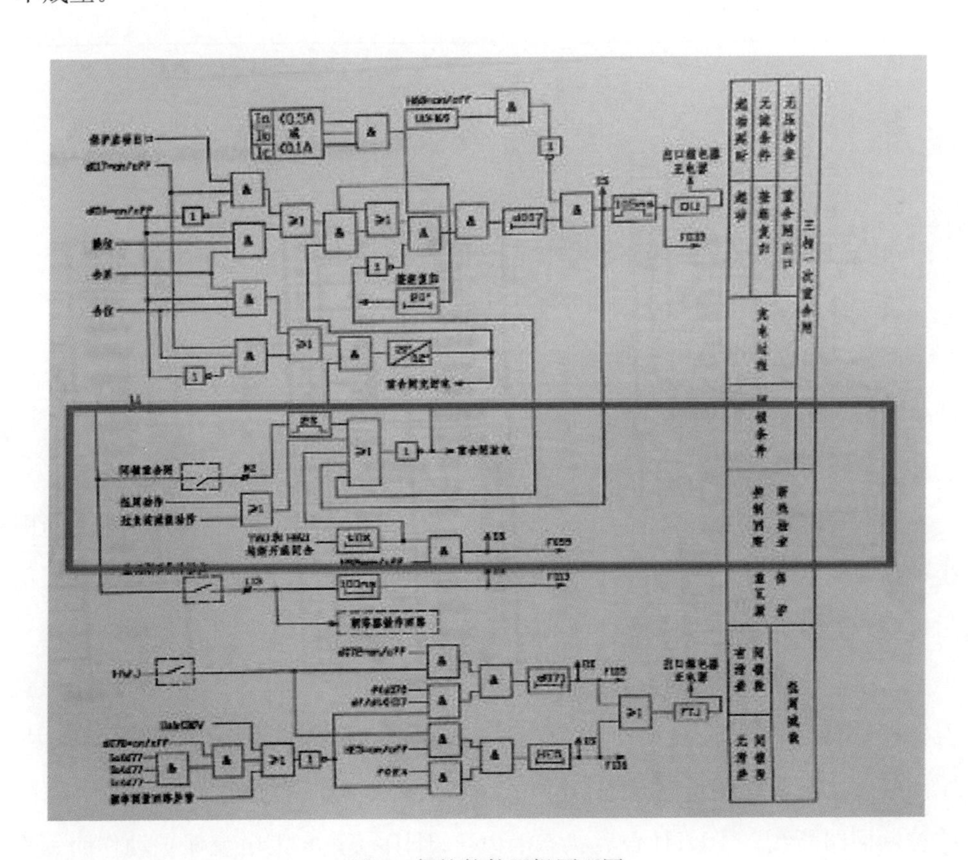

图 4　保护软件逻辑原理图

经过上述排查，锁定 10kV F20 JJ 线 720 断路器重合闸不动作的原因为控制回路断线造成。

根据逻辑原理图，“控制回路断线”信号是 TWJ 和 HWJ 同时为 0 经过防抖时间后发出（厂家解释 ISA300E 及 ISA300F 系列保护装置均固化为 5ms）。经现场检查及停电试验，结合保护厂家解释，此次重合闸拒动的原因：①由于该装置已运行将近十年，存在元器件老化的问题，可能 TWJ 或 HHJ 继电器的触点特性变差，当断路器跳闸时，触点抖动时间超过 5ms 造成重合闸放电；②断路器本体辅助开关触点特性变差，造成断路器跳闸时，TWJ 线圈回路抖动时间超过 5ms 造成重合闸放电（触点抖动案例测试图见图 5）。

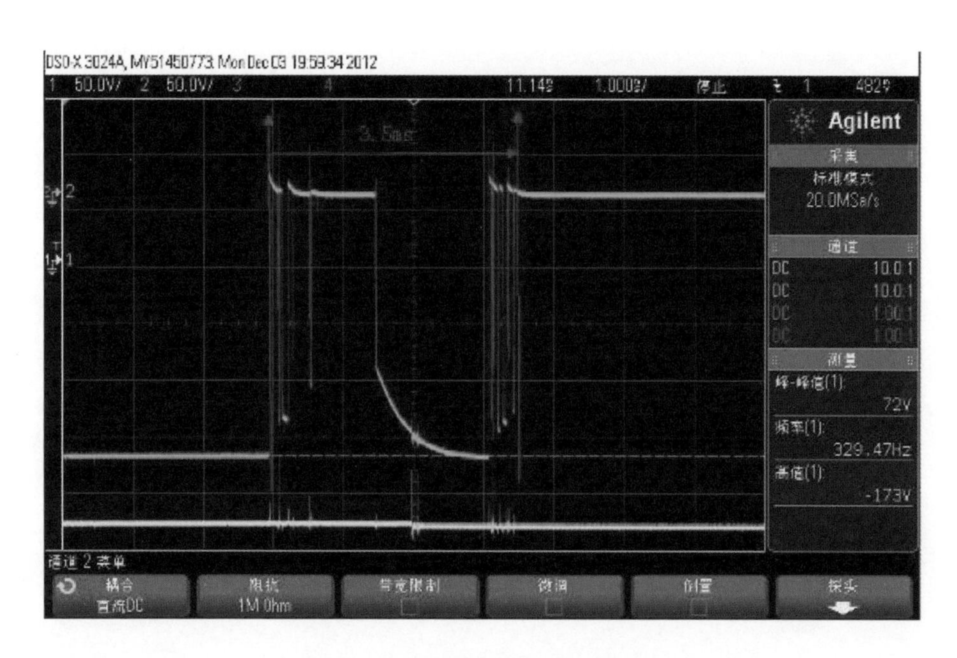

图 5　继电器触点抖动案例测试图

综上所述，10kV F20 JJ 线 720 断路器跳闸时，保护操作插件开关位置继电器抖动时间超过 5ms 导致重合闸放电。

4　事故总结

这是一起由于进行内部操作回路提供的断路器合闸位置接点（TWJ、HWJ）判别时，因保护定值与设备运行实际有偏差，导致装置中的控制回路断线功能闭锁重合闸功能。虽然在日常工作中这种情况出现的概率比较低，不过通过这次对重合闸原理的分析及处理的过程，可以极大地提高目前运行人员对于此类故障的认识，对于查找故障提供一个方向，并且如果以后发生同类事件给予一定的参考，使运行人员可以更快地排除故障，保障电网的安全稳定运行。

断路器电机过流/过时报警动作分析

1　事故简介

2017 年 04 月 13 日，500kV GC 变电站监控后台出现报文：“500kV GC 变电站 220kV GX 乙线断路器电机过流/过时报警动作”，报文出现后，值班员随即前往 220kV GX 乙线间隔核对检查汇控箱光字牌，检查断路器机构箱。观察到：220kV GX 乙线断路器三相均在合闸位置，机构箱内三相储能标尺位置均正常（均为 3 刻度），汇控箱“断路器电机故障”光字牌亮（见图 1），按下汇控箱“复归”按钮后，可以听到 A 相电机转动的声音，直至 3min 后停转，初步判断为断路器能够正常打压，但打压到位后因凸轮开关故障导致断路器油泵电机回路不能及时断开，导致打压超时。

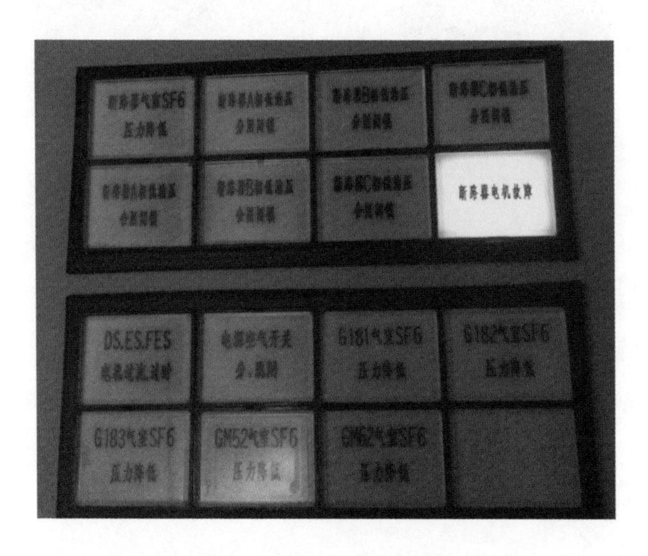

图 1　220kV GX 乙线汇控箱光字牌

2 事故分析

如图 2～图 4 所示，弹簧储能正常、压力足够时，凸轮开关 33hb 的触点 71-72 断开，K1-K2 未导通，油泵电机接触器 88M 的线圈未励磁，其动合触点 1-2、3-4 断开，电机未接通，不启动打压；弹簧储能不足，压力不够时，凸轮开关 33hb 的触点 71-72 闭合，K1-K2 导通，油泵电机接触器 88M 的线圈得电励磁，其动合触点 1-2、3-4 闭合，电机接通开始打压直至弹簧储能完毕，凸轮开关 33hb 的触点 71-72 断开，K1-K2 断开，油泵电机接触器 88M 的线圈失磁，其动合触点 1-2、3-4 断开，电机失电，停止打压。

图 2 220kV GX 乙线机构箱凸轮开关与储能标尺

若因凸轮开关故障等原因，导致弹簧储能完毕后还继续打压，则延时闭合继电器 48T 的辅助触点 67-68 延时 180s 闭合，辅助继电器 49MX 线圈得电自保持，49MX 的辅助触点 61-62 断开，油泵电机接触器 88M 失磁，电机停止打压，49MX 的辅助触点同时接通报警回路，汇控箱光字牌“断路器电机故障”亮，同时后台出现报文“500kV GC 变电站 220kV GX 乙线断路器电机过流/过时报警动作”；若延时闭合继电器 48T 未动作，则热偶继电器发热致其内部不同膨胀系数的金属片形变达到一定距离，其触点 97-98 闭合，辅助继电器 49MX 线圈得电自保持，49MX 的辅助触点 61-62 断开，油泵电机接触器 88M 失磁，电机停止打压。

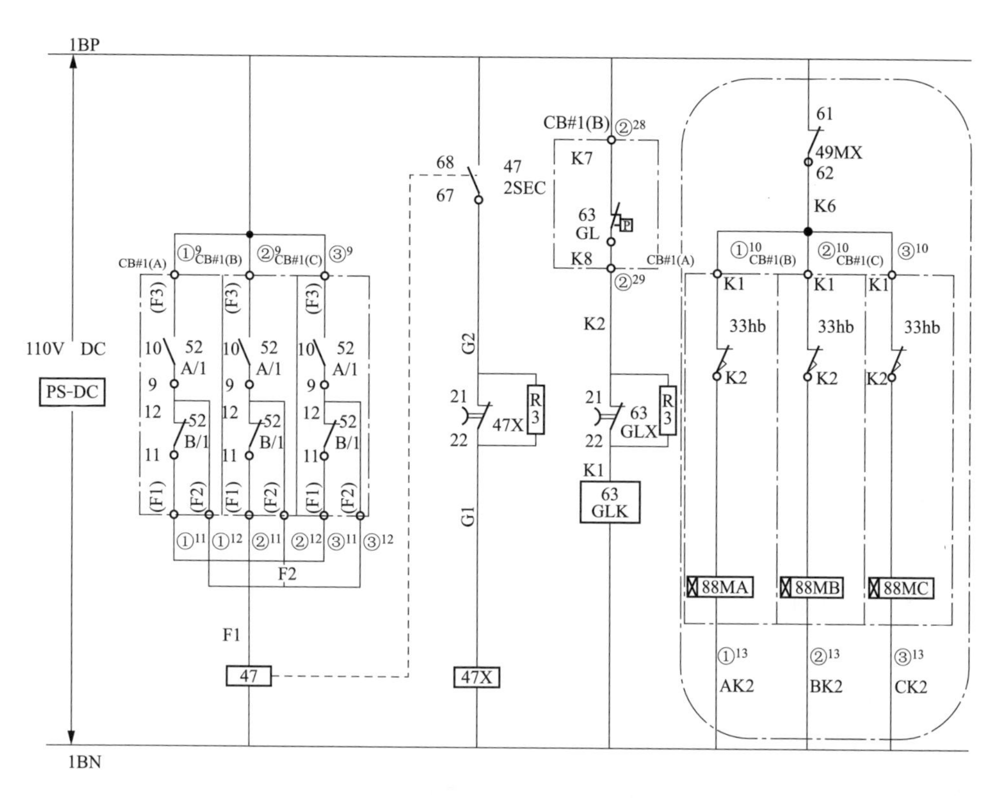

图 3　220kV 断路器控制回路-油泵电机回路（1）

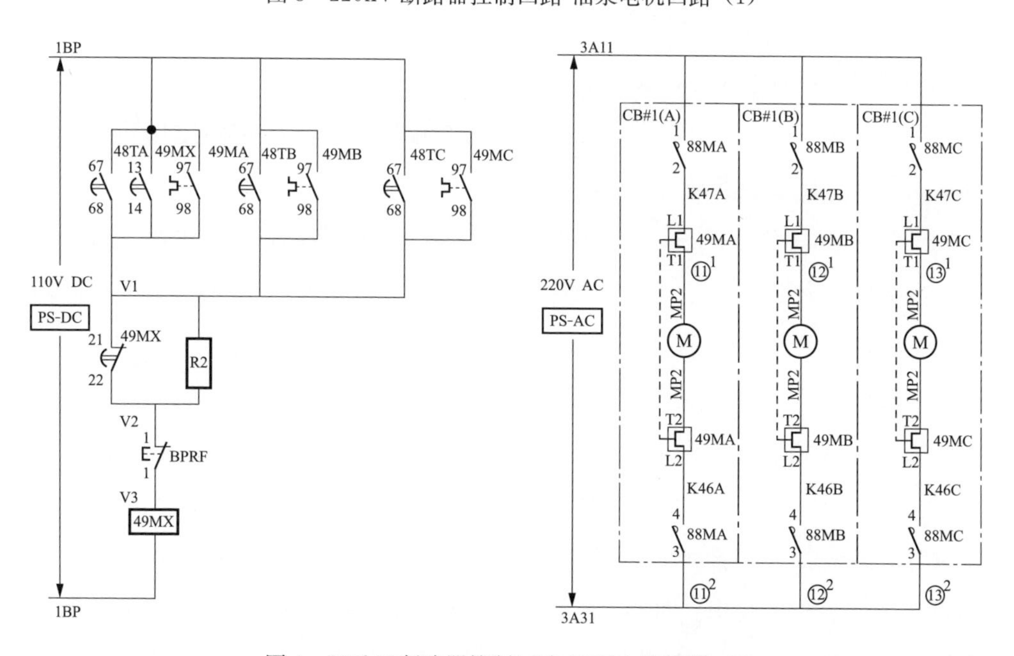

图 4　220kV 断路器控制回路-油泵电机回路（2）

若因打压超过180s延时闭合继电器48T动作，导致辅助继电器49MX动作，电机回路失电打压停止，则按复归按钮BPRF时，49MX失磁，电机得电重新开始打压。

断路器油泵电机转动通过液压系统为弹簧储能，以提供断路器分合闸所需的能量。当液压封闭系统出现气体时，由于气体的可压缩性远大于液压油，导致液压系统存在峰值压力，即液压油达到峰值压力后电机继续打压液压油压力不能继续增大。若此峰值压力小于使弹簧储能达到额定值所需压力，则电机将持续打压，直至延时闭合继电器48T动作或热偶继电器49M动作使电机失电停转，同时汇控箱光字牌“断路器电机故障”亮，后台出现报文“500kV GC变电站220kV GX乙线断路器电机过流/过时报警动作”。

3 事故处理

经现场观察发现220kV GX乙线断路器三相均在合闸位置，机构箱内三相储能标尺位置均正常（刻度相同均为3），汇控箱“断路器电机故障”光字牌亮，按汇控箱“复归”按钮后，可以听到A相电机转动的声音，直至180s后停转，初步判断为断路器能够正常打压，但打压到位后因凸轮开关故障导致断路器油泵电机回路不能及时断开，导致打压超时。

到达现场后，用万用表测量发现凸轮开关的触点71、72对地电位相同（正68V），证实71-72触点确已接通，判断为凸轮开关故障导致断路器油泵电机回路不能及时断开，导致打压超时。判断为凸轮开关不到位故障，建议更换。

在会同厂家工作人员后，按复归按钮后听220kV GX乙线断路器A相油泵电机转动声音异常，判断可能为电机空转，进一步检查后，决定停电处理。运行人员配合停电后，复归信号进行打压，发现电机打压无法带动弹簧储能，故障原因为断路器A相液压油路中混入气体，导致液压机构无法为弹簧打压储能，凸轮开关无法到位并断开油泵电机回路，导致打压超时。进而分析确定凸轮开关并未损坏，断路器A相弹簧储能稍有不足，但储能标尺不够精确，以致肉眼分辨不出A相是否储能完毕。对GX乙线2563开关A相断路器液压机构释能，电机空转排气，多次分合冲洗油路后，现电动储能及分合闸正常。

4 事故总结

220kV出线断路器储能回路故障可能导致断路器弹簧压力不足闭锁分合闸，线路故障时需要跳开整段母线上所连的其他所有断路器，导致停电范围扩大，为避免本次情况继续出现，作出如下归纳总结：

（1）加强对一次设备的巡视和维护力度，尽早发现潜在问题，并核查相同电压等级内，其他设备是否存在同类问题，同时将本次故障的处理过程进行记录，以便下次相同情况出现时，能及时排除故障。

（2）运行人员在日常监盘的过程中，要时刻注意后台的数据变化情况，对于不告警的报文应多留心，尽早发现问题，迅速采取行动，解决问题。

（3）适当开展全站断路器控制回路培训，增强运行人员对站内控制回路原理和接线的理解。

220kV 变电站断路器储能机构回路异常分析

1 事故简介

变电站采用了 LWG9-252 型 SF_6 高压断路器，该型断路器配用 CYA3-Ⅱ型液压弹簧操动机构。CYA3-Ⅱ型液压弹簧操动机构的电机储能控制回路中的时间继电器 48T 多次出现故障，发生“电机过电流或超时”信号，闭锁储能电机控制回路，机构停止储能，导致机构压力不正常，甚至闭锁开关分闸，造成断路器非全相运行情况出现，严重影响 220kV 设备的安全运行。

2 事故分析

LWG9-252 型断路器为分相操动机构，每相独立设置于一个机构箱内，包括灭弧室、导体部分、绝缘部分和液压操动机构，三相呈“Ⅰ”型并列布置。LWG9-252 型断路器配套设置的操动机构为 CYA3-Ⅱ型液压弹簧机构。CYA3-Ⅱ型液压弹簧机构由储能单元、监测单元控制单元、打压单元和工作单元构成。当机构压力降低时，储能控制回路动作，储能电机运转，电机带动油泵打压，液压机构的储能活塞在压力的作用下压缩弹簧而储能。为了保证断路器能可靠地开断，储能控制回路中设计了两种闭锁回路，一种是通过安装在本体的 SF_6 密度继电器检测 SF_6 气体压力而实现闭锁；另一种是通过与储能机构同轴运动的凸轮带动一限位开关（33hb）来检测操作油压而实现闭锁。限位开关（33hb）的触点同时也接入储能电机控制回路中，实现储能到位后自动停止打压和压力降低至一定程度后自动起动电机打压的功能。

电机控制回路分析、液压机构储能故障分析以及汇控柜潮湿对电力箱柜的危害分析如下。

（1）电机控制回路分析。由于开关是分相机构，电机储能回路也是分相控制，以 B 相控制回路为例进行分析，CYA3-Ⅱ型液压弹簧机构储能电机控制回路图如图 1 所示。

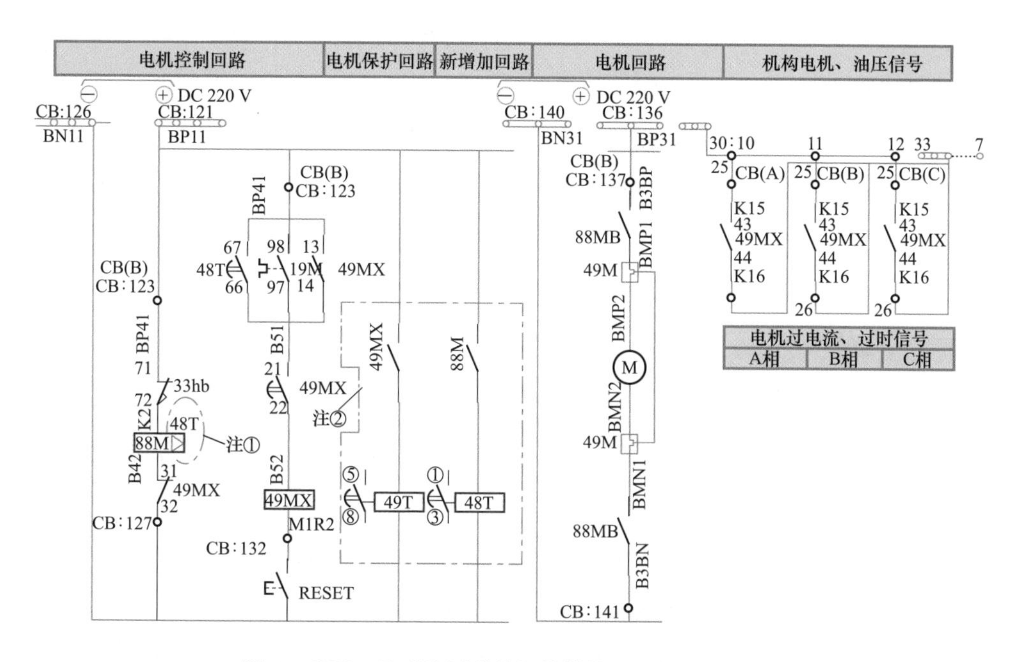

图 1　CYA3-Ⅱ型液压弹簧机构储能电机控制回路图

注：① 改造后取消此处配套的 48T 继电器。

② 此处的 48T、48T 延时动合触点，88M 触点、49T、49T 延时动断触点为新增加回路。

1）储能电机控制回路。断路器在分闸或合闸操作完成后会消耗掉储能机构的能量，或者其他原因使得液压机构压力降低到一定值时，限位开关（33hb）触点 71—72 闭合，主接触器 88M 动作，同时起动背挂式时间继电器 48T，主接触器 88M 触点闭合，接通动力电源回路，电机运转并进行储能；储能到位后，凸轮联动使限位开关（33hb）触点 71—72 断开，切断储能电机控制回路，主接触器 88M 线圈失磁分开，储能电机停止运行。

2）电机运转超时闭锁储能。由于主接触器 88M 和时间继电器 48T 同时启动，当电机运行时间达到 48T 的整定值时，48T 的延时动合触点 67—68 闭合，辅助继电器 49MX 动作，49MX 的常闭触点 31—32 打开，主接触器 88M 线圈失磁分开，储能电机停止运行。同时 49MX 的常开触点 43—44 闭合发出电机过电流及超时报警信号。

3）储能电机热过载保护动作闭锁储能。储能电机热过载保护是由动力回路中的热继电器 49M 实现的，当电机出现过载时，49M 动作，触点 97—98 闭合，辅助继电器 49MX 动作，断开控制回路而闭锁储能。同时 49MX 的触点 43—44 闭合发出电机过电流及超时报警信号。

4）电机保护回路的自保持闭锁和解锁。当辅助继电器 49MX 动作后，触点 13—14 闭合，使电机保护回路动作自保持，从而闭锁电机储能；当 49MX 的延时动断触点 21—22 断开后，自动解锁复位保护回路。当解锁后如果压力不足，将会重新起动打压。保护回路闭锁后也可以通过按复位按钮“RESET”使 49MX 线圈断电解锁。

（2）液压机构储能故障分析。

1）限位开关（33hb）调节不当。限位开关（33hb）是控制电机储能回路的，如果限位过高，机构储能已满，而电机仍然长时间运转，可能导致压力过高或电机发热烧损；如果限位调节太低，储能未满就停机会导致压力不足；如果启动打压起点调节不到位，就不能根据正常压力起动打压。

2）储能电机故障。如果电机烧毁，将出现异味、冒烟、储能电源开关跳开等现象发生，通过检测储能电源、电机线圈电阻可以判断电机是否烧坏。如果电机线圈电阻正常且储能电源也正常，启动后电机仍不运转，则可能是储能电机的电刷脱落或磨损严重等故障。

3）控制回路故障。出现“电机过电流或超时”信号而闭锁储能电机控制回路，机构停止储能，导致机构压力不正常，是由于时间继电器 48T 计时不准导致。时间继电器 48T 是背挂式气囊延时继电器，48T 继电器外观及解体后内部气囊式构造，如图 2 所示。主要靠主接触器 88M 的衔铁带动 48T 的活塞杆运动，气囊缓慢释放空气以获得时间的延时。这种继电器的计时受本身气囊和外界环境影响较大，气囊密封性不好会使时间变化；环境温度变化会使时间变化；继电器触点由于气囊结构的压力变化而造成触点接触不好等，这些都会影响储能机构的正常运行，导致压力异常，出现闭锁断路器分合闸、断路器非全相运行等严重后果。电机保护回路中的 49MX 延时动断触点 21—22 本来应该实现自动解锁复位，但是由于使用的这种继电器该触点无法实现延时断开，则该种自动解锁复位功能失效，不能重复打压。

(a)

(b)

图 2　48T 继电器外观及解体后内部气囊式构造

（a）外观；（b）解体内部结构

（3）汇控柜潮湿对电力箱柜的危害分析。

1）变电站室外一般都会有汇控柜、端子箱、机构操作箱及电源检修箱，这些设备是室外电气设备与室内测控、保护、通信等设备连接的中间环节，一般就地安装在设备旁。在空气潮湿时，尤其是在雨季，室外断路器机构箱柜体内密封不严容易潮湿积水、地沟内的潮湿空气也会通过柜体箱底部缓慢渗入柜体中造成柜内湿度过大，导致柜体内元器件严重霉变。

2）空气湿度过高产生易产生霉菌导致金属材料的锈蚀，这是影响电子元器件性能指标及使用寿命的两大因素。例如，当空气的相对低于湿度 38％或者高于 65％时，有利于细菌快速地生长繁殖；而当相对湿度位于 45％～55％之间时，细菌的存活率较低，不利于其生长繁殖。另外，当空气相对湿度高于 60％时，金属制品、元器件容易发生锈蚀。电力设备涉及金属部件，包括金属壳体、导电体等，若长期暴露在湿度较大的空气中，极易锈蚀，从而降低了设备性能及使用寿命，继而导致电气故障。

3）电力箱柜，内部装设有大量电气设备及电子元器件，用以实现电能的变换分配及主设备的控制执行功能。众所周知，为保证电力设备的性能指标、使用寿命及可靠性，这些电气设备对工作环境的干燥程度有着较为严格要求。当电气设备表面结露和受潮后，容易发生绝缘程度下降甚至电气击穿等现象，从而引发电力设备的相间短路或电气传动时设备误动、拒动等问题。

4）温度过高的影响。电气设备运行时因损耗会发热，若设备周围的环境温度过高，或空气不流通，则设备自身热量不易及时散开，很有可能导致设备过热跳闸，甚至烧毁。

3 事故处理

针对上述分析这种型号的液压操动机构存在的问题，我们制定一定对策，对储能电机控制回路进行改进，以降低由于控制回路故障原因而出现的储能故障。

（1）厂家建议处理方法。厂家建议将部分元件更换为 LG 系列产品，继电器 48T 与 49M 热继电器需配套使用，因此更换时要同时更换，但更换后接线不变。由于厂家建议更换的时间继电器 48T 仍然是与 88M 继电器配套使用的背挂气囊式时间继电器，且 49MX 的延时动断触点自动解除闭锁功能仍未解决，虽然现场整改的工作量少，但是从设备安全角度来说，仍然存在出现前述故障的可能，所以是不可取的。断路器储能回路部分元器件和厂家建议更换的部分元器件。

1）取消背挂气囊式时间继电器 48T，增加一个由接触器 88M 的触点启动时间继电器 48T 的回路，用 48T 的延时动合触点①—③取代旧回路中的 48T 触点 67—68 来启动 47MX 继电器闭锁储能回路（见图 1 中的注①和注②）。

2）增加一个由辅助继电器 49MX 的常闭触点起动时间继电器 49T（型号同 48T）的回路，用 49T 的延时动断接点⑤—⑧来取代原来回路中的 49MX 延时动断触点 21—22。

3）对断路器进行现场测试不同情况时打压所需要的时间，可以知道，最长的打压时间需要 86s。故为了避免储能电机长时间工作而发热损坏，时间宜设置为 100s 内。此外考虑到储能电机仅适应于短时工作，不能频繁启动，每小时启动不能超过 20 次，则 49T 的时间宜设为 3min。

（2）回路改进后运行效果。目前，对一条 220kV 线路断路器的储能电机控制回路进行了上述改进，改进后的设备运行正常，没有再出现过“电机过电流或超时”信号而闭锁储能电机控制回路的情况。

4 事故总结

结合实际运行情况，对断路器的储能电机控制回路进行检查、试验和分析，找出了故障原因，提出了更换时间继电器和改进控制回路的措施并进行了实施。实践证明，改进后的液压机构储能控制回路提高了此类型断路器运行的安全性和可靠性，确保了电厂的安全稳定运行。

参考文献

[1] 国家电网公司. 高压开关设备管理规范 [M]. 北京：中国电力出版社，2006.

[2] 徐国政，张节容，钱家骊，等. 高压断路器原理和应用 [M]. 北京：清华大学出版社，2000.

[3] 万浩江，魏光辉，胡寿伟，等. 局域屏蔽防雷击有源防护装置的优化设计 [J]. 计算机仿真，2011，11 (28)：293-296.

[4] 吴海超，张安全. HXD3 电力机车电气故障诊断专家系统的统计 [J]. 科技通报，2012，10 (28)：96-98.

10kV 断路器不能在监控机进行遥控分闸异常分析

1　事故简介

2017 年 04 月 26 日 06 时，110kV BS 变电站 10kV 3M 母线由运行转检修。当在监控机进行断开 10kV F29××线 729 断路器操作时，监控机显示五防校验失败，如图 1 所示，不能进行操作。现场初步检查其中一台监控机故障黑屏，五防机及另一台监控机，未出现通信中断等信号。经几次重启监控机及五防机，并重新进行模拟、传输依然不能进行操作。10kV F29××线 729 断路器采用 NSR612RF 号保护、测控装置，分散式布置在 10kV F29××线 729 断路器柜面板上，规程明确规定不能就地分合开关，因此由于监控机不能操作造成操作中断。

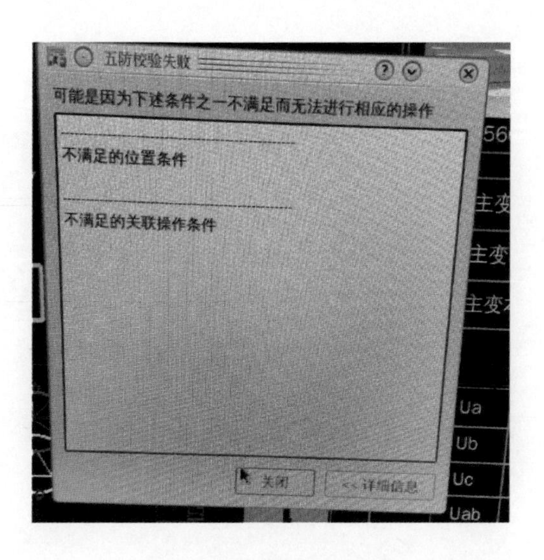

图 1　五防校验失败信息

2 事故分析

110kV BS 变电站采用独立五防机加两台监控机，五防机为 FY2004 型五防系统，监控机为 NSS201A 系统。五防机与监控机之间通过交换机进行网络传输，与平常的串口联系有所区别。根据监控机遥控操作的网络连接图，如图 2 所示，分析故障原因如下。

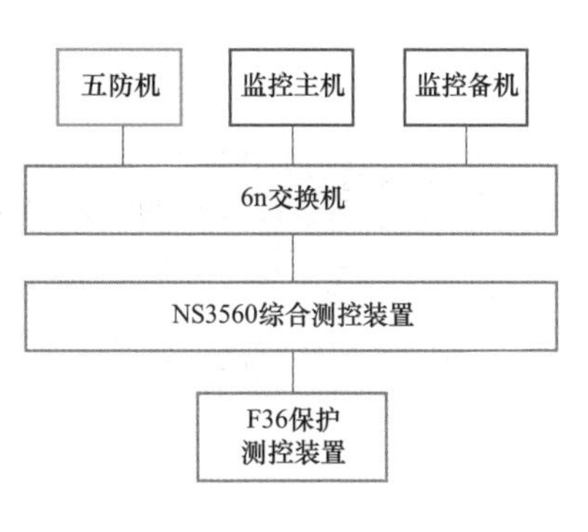

图 2 网络连接图

（1）五防机与监控机连接部分。监控机通过接收到五防机的正常逻辑操作命令，开放相关设备的操作权限，允许该设备操作。五防机与监控机通信出现故障时，操作时监控机会出现五防校验失败窗口，闭锁监控机的操作权限。

常见故障及处理方法：

1）网线水晶头接触不良。网线水晶头接触不良主要是因为平时移动五防和监控电脑的主机，导致接触不良；也有在压制水晶头时，压制不结实，网线终端的长短不一致等导致水晶头制作不合格。检查网线各端连接可靠，水晶头无出现断线的现象，可使用网线测试仪进行测试。

2）网络交换机故障。由于交换机连续工作时间过长，由于数据量传输较大，造成数据阻塞，引起死数现象。检查网络交换机连接的其他设备是否正常，如图 3 所示，确定交换机故障时，可由继电保护专业人员确认并采取措施后进行重启。

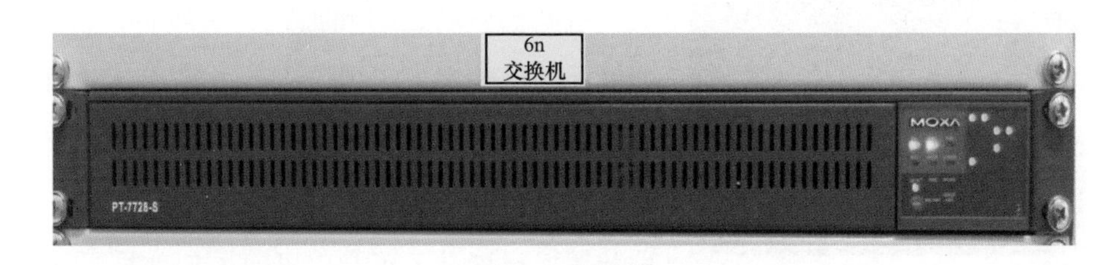

图 3 交接机图

3）五防机、监控机本机通信异常。五防机或监控机连续运行时间过长，造成五防机或监控机发送（接收）不到相关操作命令，引起监控机闭锁操作。正常情况通过重启五防机或监控机可以恢复正常。可通过在监控机运行 cmd 命令，并 ping IP（五防机的网络地址），正常情况下，会显示发送和接收信息，如图 4 所示。如只是发送，不能显示接收，则通信异常，如图 5 所示。

```
Pinging 198.120.0.193 with 32 bytes of data:

Reply from 198.120.0.193: bytes=32 time<1ms TTL=128
Reply from 198.120.0.193: bytes=32 time<1ms TTL=128
Reply from 198.120.0.193: bytes=32 time<1ms TTL=128
Reply from 198.120.0.193: bytes=32 time<1ms TTL=128
```

图 4　正常显示信息图

```
Pinging 198.126.0.193 with 32 bytes of data:

Destination host unreachable.
Destination host unreachable.
Destination host unreachable.
Destination host unreachable.
```

图 5　通信异常信息图

（2）监控机至控制回路连接部分。监控机接到五防机开放命令后，可对相应设备进行远方操作，如监控机至控制回路连接回路之间出现故障，会弹出遥控超时窗口。监控机至控制回路连接部分常见故障如下。

图 6　闭锁 KK 位置图

1）2 号公共测控屏中综合测控装置中的闭锁 KK 在闭锁状态，如图 6 所示。由于该所多数变电站都没有设置测控层五防逻辑，将 KK 切换在闭锁状态，闭锁该设备的操作，此时需将 KK 切换至解锁位置。

2）设备的保护测控装置故障。检查保护测控装置运行灯是否正常，里面采集数据是否有变化，如保护测控装置运行灯不亮或数据无变化，可咨询继电保护专业人员后，向调度申请退出出口连接片对保护装置进行重启，如重启不能解决，则需等待继电保护专业人员到场处理。

3　事故处理

故障窗口为五防校验失败中可判断故障问题出现在五防机与监控机连接部分，通过检查网线水晶头连接部分及网络交换机指示灯正常闪络，交换机连接其他设备通信正常，可判断故障点为五防机或监控机。继电保护专业人员在监控机上通过 ping IP，发现监控机只有发送命令，通过五防机模拟操作并发送到监控机，监控机依然没有接送到相关命令。检查五防机监控主机参数设置中，发现综自机 IP 设置为 00.100.100.251（已故障的监控机），没有将 IP 更换为 00.100.100.252（运行监控机），造成五防机依然发送命令至故障的监控机，不能正常传送到运行监控机，从而影响操作。继电保护专业人员将五防机中综自机 IP 设置为 00.100.100.252（运行监控机），如图 7 所示，经 ping IP 发送及接收信号均正常。运行人员进行试遥控操作，设备可正常操作。

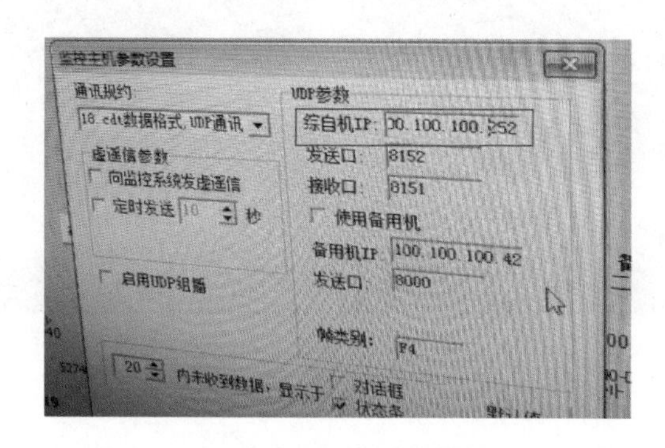

图 7　五防机 IP 设置图

4　事故总结

对监控机不能遥控操作的原因进行全面分析，可使运行人员能快速地判断故障问题，并进行简单的异常处理，大大提高综合停、送电及时性，也能避免遇到问题盲目地进行违规的就地操作。

主变压器断路器机构漏油故障分析

1 事故简介

2017 年 08 月 19 日 LT 变电站后台机显示 20 时 48 分断路器储能电机超时运转报警动作，20 时 56 分断路器合闸低油压闭锁动作，21 时 01 分断路器分闸低油压闭锁动作，运行、检修人员到站后检查 2203 断路器机构，发现机构箱底部有大量液压油，油位镜中见不到油位，储能弹簧能量已释放，事故现场如图 1～图 3 所示。

图 1 机构箱底部两侧均有大量液压油

图 2 油位镜中观察不到油位

图 3 储能弹簧能量已释放

2　事故分析

造成此次漏油缺陷的主要原因是储能缸与工作缸之间常高压连接的金属套靠工作缸侧的密封圈破损。2017年05月26日发现有漏油情况，在高压油长期作用下，加快了密封圈的老化情况，到2017年08月19日20时左右密封圈已完全失效，从缓慢漏油发展为喷流，短时间内液压油大量外泄，断路器机构的弹簧失去能量，致使断路器的油压低闭锁保护动作，禁止断路器进行分合闸操作。

3　事故处理

由于2203断路器在合闸状态，防止断路器在能量不足的情况下分闸不到位或出现慢分现象，值班人员立即向当值调度申请将2203断路器控制电源及断路器机构电机电源退出，同时申请将220kVⅠM母线及3号主变压器停电，拉开22031、22034隔离开关后将2203断路器与运行中的设备隔离，交给专业班组处理。

4　防范措施

（1）加强对各类设备的验收工作，特别是对存在或发现缺陷的设备时，必须做好相关缺陷的填报、跟踪及消缺等闭环工作，密切关注设备缺陷的处理情况。

（2）鉴于此次发生的事故，加强对此类断路器开展巡视工作，特别是机构的储能弹簧及油位镜的油位图，如图4所示，运维时加强关注油位变化，并通过同

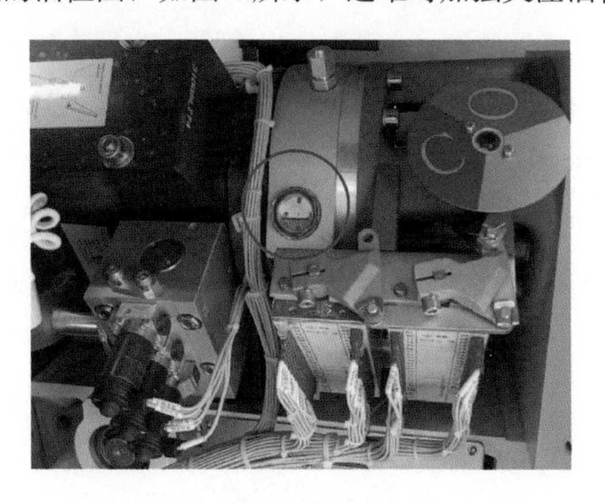

图4　油位镜中能观察到油位

类设备的对比，如图 5 和图 6 所示，发现有异常情况及时报告，防止进一步恶化。

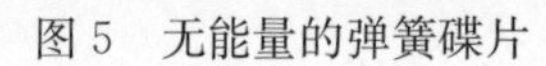

图 5　无能量的弹簧碟片

图 6　储能到位的弹簧碟片

5　事故总结

当发生电力设备事故事件时，值班员应尽快消除事故根源，限制事故的发展，解除对人身和设备的危害，仔细检查一、二次设备异常及动作情况，并做进一步的分析，准确判断异常及事故的性质和影响的范围，立即采取必要的应急措施，如投入备用电源或设备，对允许强送电的设备进行强送电，停用可能误动的保护、自动装置等，将异常及事故情况迅速汇报给调度中心，配合调度尽快处理故障，恢复送电。同时运行人员在设备的日常运维工作中，务必做到“严、细、实”，发现问题需及时处理，不能任由安全隐患发展扩大成事故事件。对于发生过事故事件的同一型号的设备，应当制定有针对性的巡维方案，提前发现问题提前处理，确保设备正常运行。

110kV 断路器储能机构
—— 异常分析 ——

1　事故简介

220kV CW 变电站 110kV 断路器合闸后，有时会因为断路器的储能时间继电器故障，而导致断路器储能失败的异常状况发生。此缺陷未能得到及时、有效的处理，导致断路器合闸操作失败，甚至保护重合闸失败，继而引发延长停电时间、扩大停电范围、危及电网运行等一系列严重后果。为此，分析研究这类断路器合闸过程中储能时间继电器损毁的原理，并提出相应的解决方案，对电网安全、经济、可靠运行具有重要的现实意义和经济价值。

2　事故分析

220kV CW 变电站的 110kV LWG2-126 型六氟化硫断路器在合闸操作或保护重合闸后，多次出现因储能时间继电器损毁而储能失败的状况。

(1) 合闸操作后储能失败现象。110kV 线路××断路器合闸操作执行后，后台监控系统及现场控制箱光字牌均出现“断路器电机过流，过时”信号如图 1 所示，然而在对断路器机构箱进行检查时发现断路器储能失败。可手动储能，经过对该回路进行检查，发现断路器机构箱内各控制断路器均在投入位置，二次回路接线正确，各继电器接头引线等无松动飞弧现象，外观无损毁痕迹，而出现异常的原因在于弹簧储能时间继电器（如图 2 所示）损坏，更换后，断路器储能正常。

(2) 保护重合闸后储能失败现象。运行状态的 110kV 线路××断路器因相间距离保护动作，三相断路器跳闸，保护重合闸随即动作，后台监控系统及光字牌均出现“断路器电机过流，过时”信号，经检查，异常状况出现的根源依然是弹簧储能时间继电器损坏。

图 1　控制箱光字牌

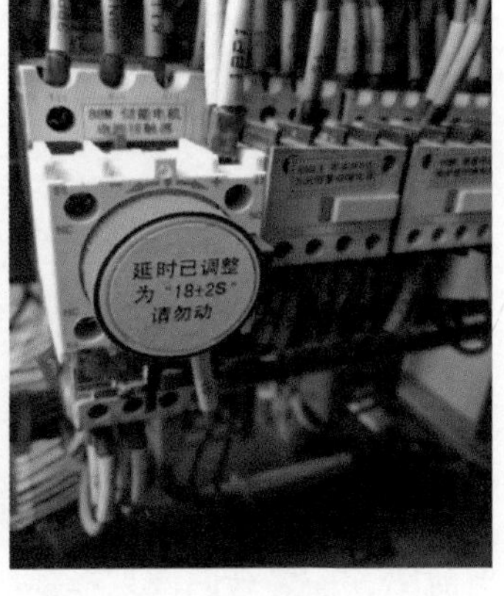

图 2　时间继电器

3　事故处理

这类由于储能时间继电器损坏导致的停电消缺，严重影响了电网的正常运行。因此，必须尽快分析出储能时间继电器频繁损坏的原因，并研究相应的解决方案，从根本上剔除影响电网安全生产的毒瘤。

(1) 断路器概况。该变电站 110kV 回路均使用 LWG2-126 型六氟化硫断路器，相关技术规范如图 3 所示。

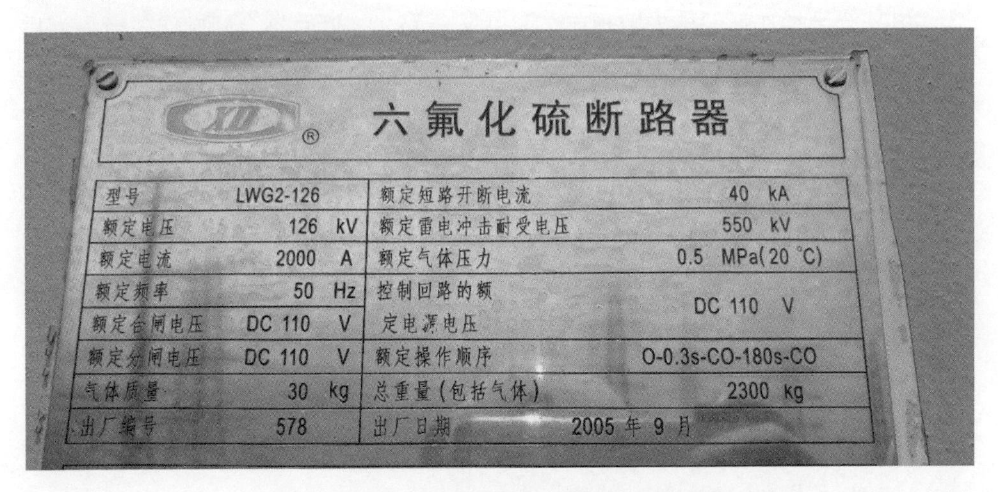

图 3　LWG2-126 型六氟化硫断路器铭牌参数

LWG2-126 型六氟化硫断路器为合闸时弹簧储能，LWG2-126 型六氟化硫断路器储能电动机电气控制回路如图 4 所示。

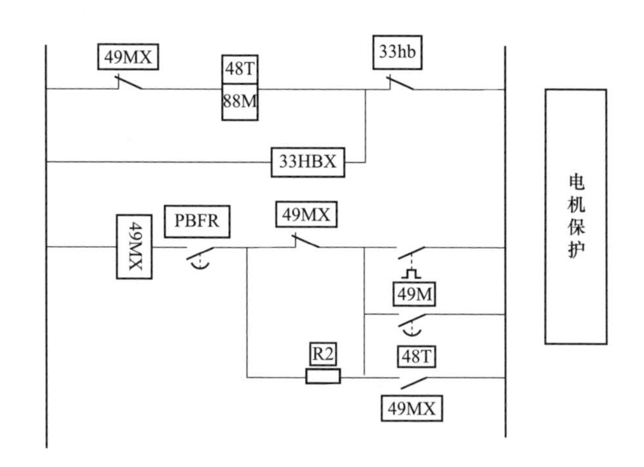

图 4　LWG2-126 型六氟化硫断路器储能电动机电气控制回路

LWG2-126 型六氟化硫控制回路图如图 5 所示。

其中 49MX 为电动机保护继电器，49M 为电动机过电流继电器，33HB 为合闸弹簧储能行程开关，33HBX 为合闸弹簧状态监视继电器。88M 为启动电动机用电磁开关，48T 为限时继电器。断路器合闸操作后，行程开关 33HB 闭合。启动电动机用电磁开关 88M，88M 触点闭合接通电动机回路，对合闸弹簧储能，储能到位，通过机械凸轮使行程开关 33HB 打开，电动机用电磁开关 88M 返回，电动机停机。如果电动机运转时间过长，则限时继电器 48T 经其整定时间 20s 延时动作，启动电动机保护继电器 49MX，49MX 动断触点打开，切断电动机回路；当电动机出现过载时，其储能电动机回路中电动机过电流继电器 49M 动作，电动机过电流继电器 49M 触点闭合启动电动机保护继电器 49MX，切断储能电动机回路。同时，其动合触点闭合发出“断路器电机过流，过时”信号（自保持回路）。

（2）储能失败原理分析及处理办法。

1）在断路器合闸操作或保护重合闸后，储能时间继电器 48T 损坏，导致断路器储能失败，后台监控系统及光字牌均出现“断路器电机过流，过时”信号，针对这一异常状况，发现该储能时间继电器 48T 由于使用年限够长，造成老化损坏，因此，结合停电计划，提前与相关班组沟通，对该继电器进行更换。

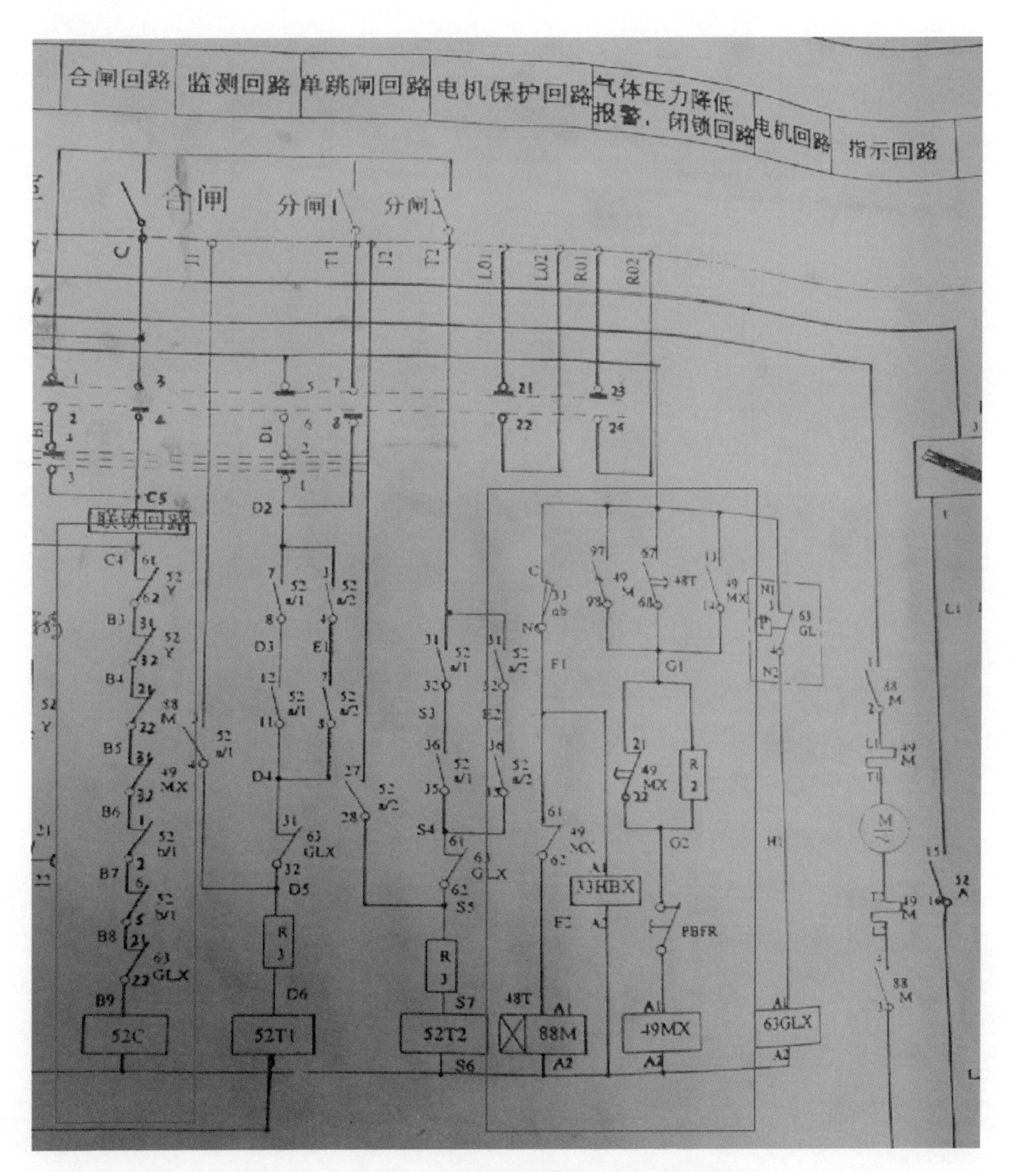

图 5　LWG2-126 型六氟化硫断路器控制回路

2）紧急情况下，也可人为按下复归按钮 PBFR 如图 6 所示。重新接通电动机回路，对合闸弹簧储能，储能到位。同时切断信号回路并复归“断路器电机过流，过时”信号。

图 6　复归按钮 PBFR

4　事故总结

该站 110kV 断路器因储能时间继电器运行年限过长，容易老化损坏而储能异常。运行实践证明，本文提出的解决方案简单、可行，使值班员可以更快地排除故障，保障电网的安全稳定运行。

10kV 电容器组断路器故障分析

1　事故简介

110kV 某变电站 10kV 6 号电容器组开关柜为 KYN36-12（MA-EC）型小车开关柜，配置 10-VPR-40C（D）型真空断路器，于 2002 年投运。2017 年 03 月 27 日，运行人员接到监控员通知“110kV 某变电站出现 10kV 6 号电容器组 537 断路器保护装置异常信号”。随即到现场检查，发现断路器在分闸位置，但该开关柜带电显示装置显示有电，6 号电容器组网门上的带电显示装置同样显示带电，通过 10kV 高压验电笔对该电容器组进行验电，电容器组确实带电。为了查明情况，经申请母线停电后将 537 断路器拉至检修位置。检修人员通过打开 537 断路器面板，发现断路器处于半分合状态，开关机构部件没有明显损坏。

该开关在热备用状态时设备却是带电，险些造成运行人员带负荷拉隔离开关的恶性误操作事件，给变电站的设备和人身安全带来了极大的隐患。通过对该故障断路器进行数据测试及解体分析，查出了故障的根本原因，并提出具体防范措施。

现场分合闸指示灯、开关柜和电容器组本体带电显示装置，如图 1 所示。

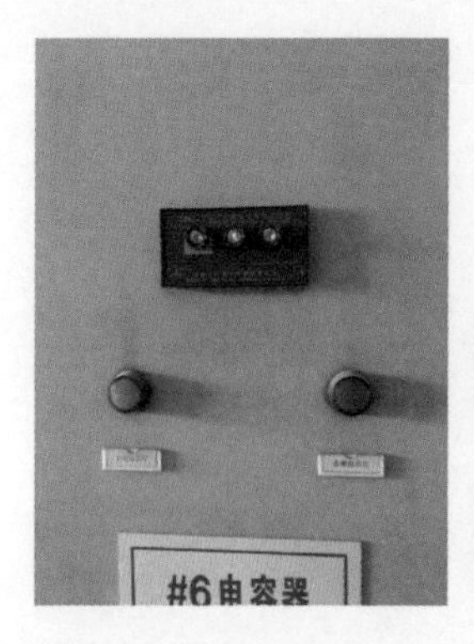

图 1　现场分合闸指示灯、开关柜和电容器组本体带电显示装置

2 事故分析

2.1 后台信号分析

断路器分闸后，保护装置报控制回路断线、弹簧未储能报警，后台信息显示断路器处于分位，如图 2 所示。断路器在断开后，控制回路断线，导致弹簧未能储能，但无法解释为什么开关在分位后，电容器组在验电的时候还显示带电，需要对开关本体进行解体进一步分析。

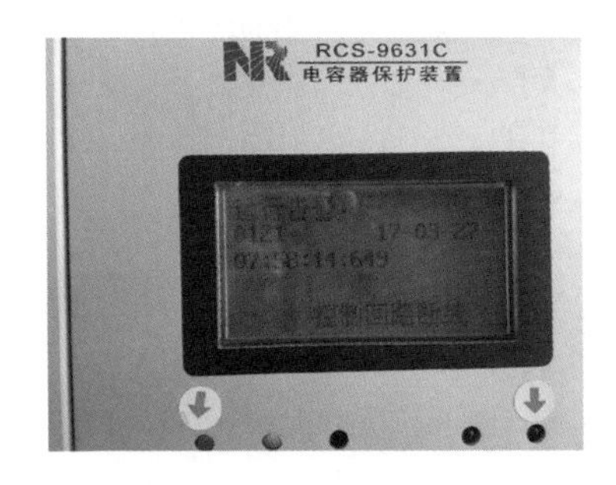

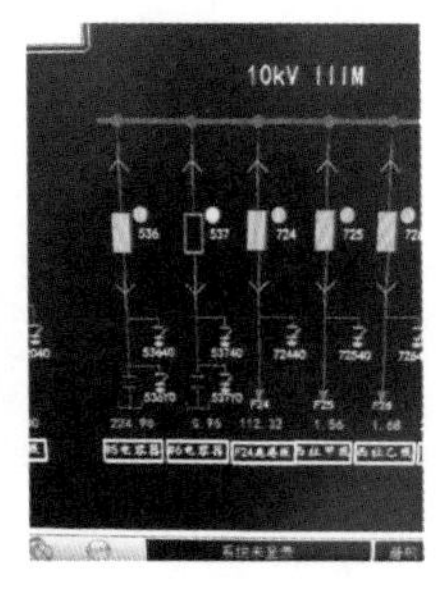

图 2 保护装置与后台信号

2.2 外观分析

该小车断路器的外形和结构如图 3、图 4 所示。真空灭弧室由专为断路器开发的无泡浇铸剂浇铸而成的支架绝缘，该支架将三相分开，相距小，结构紧凑。另外，断路器的动触点通过软导体与下部导体机械相连，避免了摩擦损坏。对断

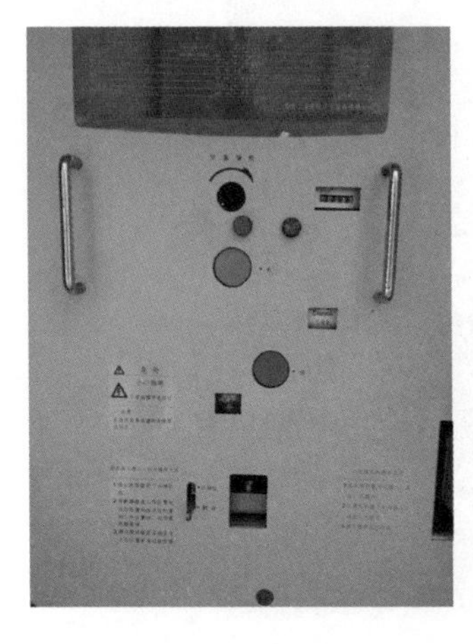

图 3 小车断路器外形图

路器机构进行全面检查，断路器机构零部件良好，没有发现损坏。

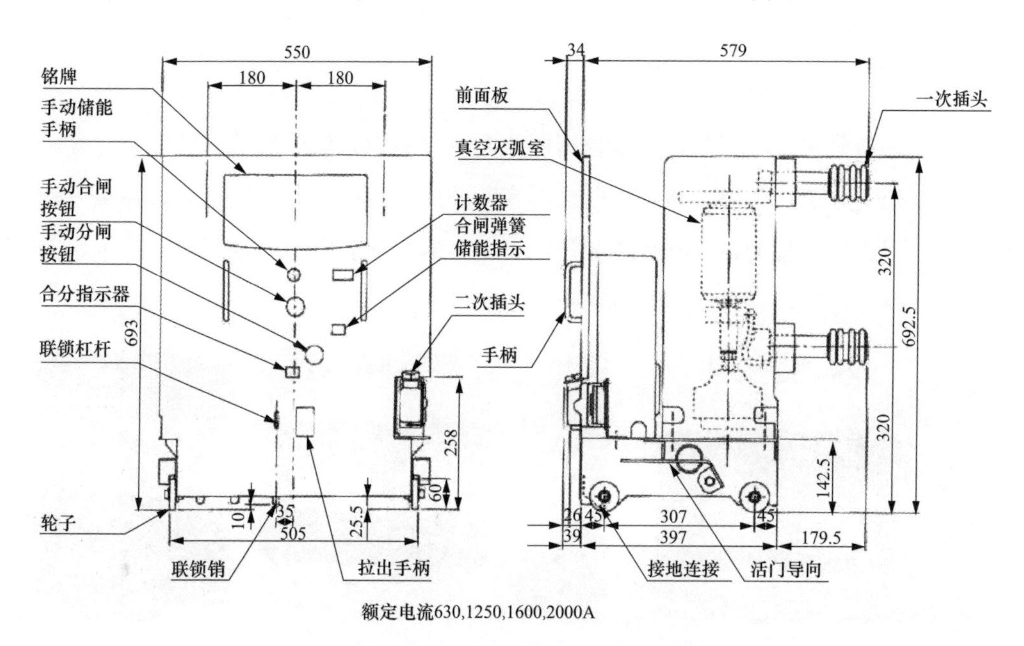

图 4　小车断路器结构图（单位：mm）

2.3　断路器开距分析

断路器处于分闸位置时，B 相开距明显少于其余两相，没露出红线，如图 5 所示。而 B 相单极底部弹簧开距也明显大于 A、C 两相，如图 6 所示。初步怀疑断路器 B 相单极出现问题。

图 5　断路器开距

图 6　断路器开距

2.4　断路器绝缘测试与回路电阻测试

在外观初步判定为 B 相单级出线故障，为了验证这个判断，于是对断路器三相进行了绝缘测试，其中 A 相 65.0GΩ、B 相 0GΩ、C 相 51.6GΩ。对断路器进行回路电阻测试，A 相 19.6μΩ、B 相 30.5μΩ、C 相 19.9μΩ。测试数据显示，B 相明显存在问题。

2.5　断路器解体分析

在断路器解体过程中，发现该断路器 B 相单极绝缘拉杆断裂，如图 7 所示。由此确认 537 断路器半分合故障是由于 B 相绝缘拉杆断裂造成。

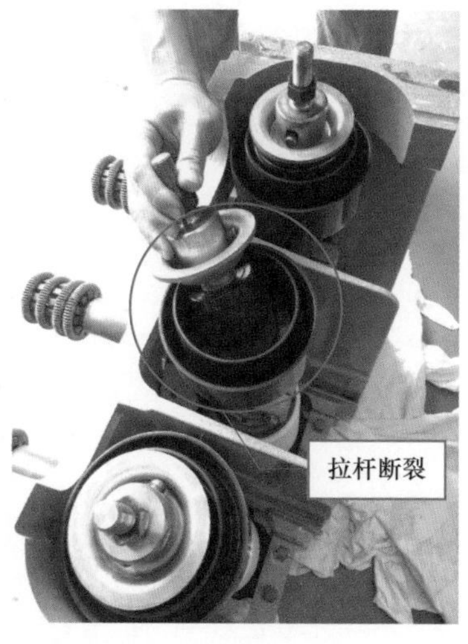

图 7　解体后的小车断路器

3 事故总结

通过核对断路器出厂编号发现，2016 年该站发生 C 相绝缘拉杆断裂的 517 断路器即为本次故障的 537 断路器，是同一个断路器。针对本次事故的发生，提出以下几点防范措施：

（1）针对该类型开关柜存在的问题，在日常巡视维护中加大力度关注其运行工况，特别是动作次数超过 2000 次的断路器。在转换运行方式时，确认每一处显示断路器位置的信息都准确无误才进行下一步操作。

（2）尽快安排同型号、同批次 10-VPR-40C（D）型真空断路器解体大修，对该种绝缘拉杆结构进行改进，重点检查灭弧室、绝缘拉杆等部位，防止真空断路器运行过程中发生非全相事故。

（3）对返厂维修回来的断路器，除了重点检查故障部位的处理情况，同时应对整个断路器做一个全面的分析检查，保证返修回来的断路器安全可靠。

主变压器 110kV 侧断路器控制回路异常分析

1 事故简介

2015 年 11 月 05 日，值班员在 220kV HX 变电站执行［将 1 号主变压器本体及 220kV 侧 2201 断路器、110kV 侧 101 断路器、10kV 侧 501 断路器由冷备用转运行供 10kV 1M 母线，10kV 2 乙 M 母线由 3 号主变压器转 2 号主变压器供电（中性点接地方式转 1 号主变压器中性点接地）］操作任务时，当操作到第 38 步合上 1 号主变压器 110kV 侧 101 时（如图 1 所示），发现 1 号主变压器 110kV 侧 101 断路器（下文简称 101 断路器）不能合上，检查发现后台机 101 断路器有控制回路断线信号。

32	合上1号主变压器220kV侧中性点221000接地开关
33	检查1号主变压器220kV侧中性点221000接地开关在合上位置
34	合上1号主变压器110kV侧中性点11000接地开关
35	检查1号主变压器110kV侧中性点11000接地开关在合上位置
36	合上1号主变压器220kV侧2201断路器
37	检查1号主变压器220kV侧2201断路器在合闸位置
38	合上1号主变压器110kV侧101断路器
39	检查1号主变压器110kV侧101断路器在合闸位置
40	检查1号主变压器110kV侧101断路器带负荷正常
41	合上1号主变压器10kV侧501断路器
42	检查1号主变压器10kV侧501断路器在合闸位置
43	检查1号主变压器10kV侧501断路器开关带负荷正常

图 1　操作步骤

2 事故分析

（1）根据日常操作经验，断路器出现控制回路断线信号的可能原因如下：

1）控制回路电源空气开关在分闸位置。

2）汇控箱内“远方/就地”切换开关切在“就地”位置。

3）断路器 SF_6 气体压力低闭锁。

4）分、合闸线圈损坏。

5）辅助触点接触不好。

（2）根据以上可能的原因进行逐个检查：

1）电源检查。出现该现象后，值班人员立即对 101 断路器在主变压器保护屏及汇控箱中相关电源空气开关进行检查，发现空气开关均已合上，并且用万用表检查电压正常，满足操作条件。

2）汇控箱及机构箱现场检查。确定控制电源无问题后，检查汇控箱及机构箱中检查“远方/就地”切换开关，发现切换开关确实在“远方”位置，检查 SF_6 压力表读数正常，并且无相关光字牌亮，相关继电器及线圈亦无烧坏痕迹，经过初步检查现场设备正常。

3）回路检查。根据 110kV 断路器控制回路图中合闸回路，对回路中接点进行逐一检查。

（3）准备工作。

1）查找图纸；

2）准备万用表；

3）通知调度由于 101 断路器控制回路故障不能遥控需要现场检查，暂停操作；

4）联系继保班到现场协助处理。

3　事故处理

（1）根据图纸在对断路器的控制回路逐一接点进行检查时发现，断路器合闸闭锁中间继电器 VX（如图 2 所示），处于动作状态，52C2 与 52C3 触点之间不导通（VX 为常闭触点），导致 101 断路器控制回路断线。

（2）根据 110kV 断路器电路图下方文字说明，“合闸回路串接的 VX 触点其 VX 继电器在 CB 两侧的 DS 控制电路中”，其中 CB 指的是断路器，DS 指的是隔离开关，可以了解到断路器合闸闭锁继电器 VX 触点在两侧隔离开关的控制回路中，因此需到隔离开关的控制回路中查找原因。

（3）查看隔离开关控制回路图（如图 3 所示），由图纸可知在隔离开关控制回路中的 VX 联锁回路主要经过 B1 与 BP1 触点之间：①合闸直流接触器 CX 的 13、14 动合触点；②分闸直流接触器 TX 的 13、14 动合接地；③隔离开关手动操作闭锁行程开关 SP3 的动合触点。只要这三个触点中任意一个触点接通，VX 便变动作，闭锁 101 断路器控制回路。因此，需要分别对 1 号主变压器 110kV 1M 母线侧 1011 隔离开关、1 号主变压器 110kV 2M 母线侧 1012 隔离开关、1 号主变压器 110kV 主变压器侧 1010 隔离开关（下文简称 1010 隔离开关）的这三个动合触点进行检查。在检查中发现 1010 隔离开关控制回路中的隔离开关手动操作闭锁行程断路器（如图 4 所示）中的动合触点卡死，长期处于连通状态，导致 VX 带电动作，使 101 断路器合闸闭锁继电器长期动作，令 101 断路器控制回路断线，闭锁 101 断路器合闸。

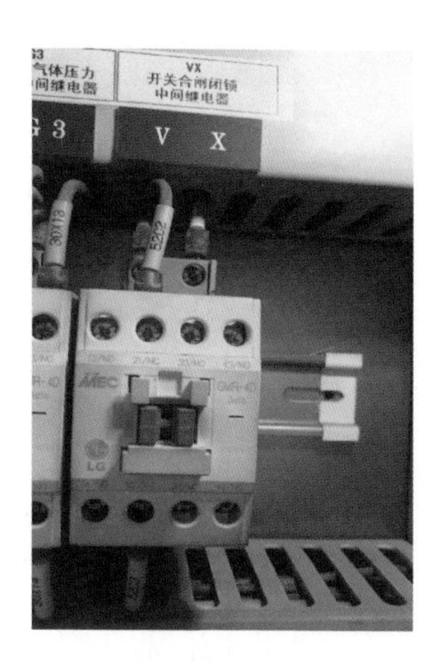

图 2　断路器合闸闭锁中间继电器 VX

（4）SP3 为隔离开关手动操作闭锁行程开关，在正常情况下，行程开关内 NC 与 C 连接，处于不接通状态（如图 5 所示），当需要进行手动操作，操作手柄插入手动操作孔后，行程断路器内 NO 与 C 连接（如图 6 所示），B1 与 BP1 接通，使用断路器合闸闭锁中间继电器 VX 动作，闭锁断路器，防止在手动操作时，断路器合闸，造成设备及人身事故。

（5）由于设备送电操作已进行到结束阶段，并且时间处于深夜，备品不能马上找到，并且考虑到不影响设备的正常运行及以后的停电操作，所以此次的故障处理将 1010 隔离开关手动操作闭锁行程断路器 SP3 的 B1 触点解开，并用绝缘胶布封裹（如图 7 所示），令 101 断路器合闸闭锁继电器复归，101 断路器“控制回路断线”信号复归，101 断路器可正常合闸操作，1010 隔离开关手动操作闭锁行程断路器 SP3 待有备件时再申请停电更换。

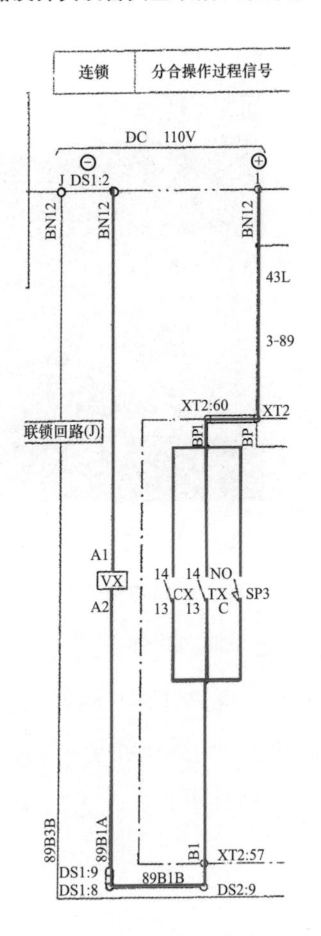

图 3　隔离开关电路图中 VX 控制回路

图 4　1010 隔离开关手动操作闭锁行程开关

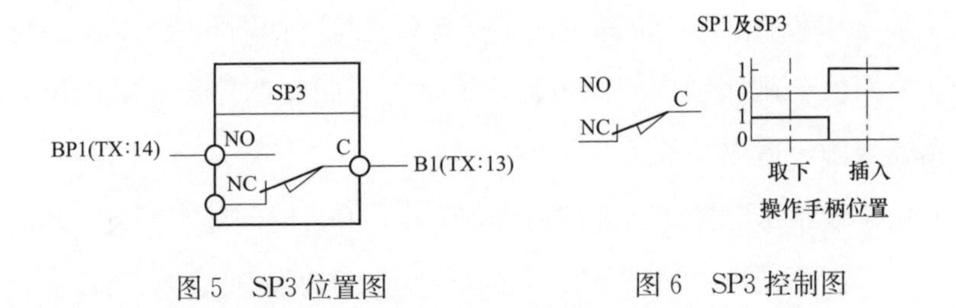

图 5　SP3 位置图

图 6　SP3 控制图

（6）VX 继电器作用介绍。从图纸可以了解到，VX 为断路器合闸闭锁中间继电器，串接在断路器两侧的隔离开关控制回路中，当任一把隔离开关需要操作，不管是电动分、合操作还是手动操作，都必须闭锁断路器控制回路，防止在隔离开关操作过程中，断路器合闸造成事故。

图 7　解开触点并封裹好的 1010 隔离开关手动操作闭锁行程断路器

4　事故总结

隔离开关机构箱中手动操作闭锁行程开关动合触点卡死，长期处于连通状态，使 101 断路器合闸闭锁继电器长期动作，动断触点断开，令 101 断路器控制回路断线，闭锁 101 断路器合闸，将触点解开并用绝缘胶布封裹后，101 断路器合闸闭锁继电器复归，101 断路器控制回路断线信号复归，101 断路器可正常合闸操作。在日后操作中，如再次遇到控制回路断线信号，多加注意闭锁回路。

虽然这次故障并非由于手动操作导致 SP3 隔离开关手动操作闭锁行程开关卡死，但从这次故障中引起了重视，若在日后的操作中，需要手动操作隔离开关，操作完需检查断路器的相关信号，如有控制回路断线信号，可首先检查手动操作隔离开关的联锁回路。

10kV 断路器不能合闸
—— 异常分析 ——

1　事故简介

2017 年 05 月 22 日 10 时 30 分，NS 变电站 10kV F20 某线 720 断路器（机构型号：CT19A-Ⅱ）接地系统选线保护动作跳闸，重合闸不成功。现场发现：720 断路器已处于分闸位置，储能灯亮，储能指示显示已储能，打开断路器面板，机构积尘较多，主输出轴、齿轮、凸轮、分合闸半轴等传动部位较为干涩，现场可闻到焦煳味，目测合闸线圈已动作，合闸线圈撞针卡滞，撞击力不足使得合闸半轴未脱扣，合闸线圈变黑。事故现场如图 1 所示。

图 1　720 断路器机构情况

2 事故分析

当机构处于分闸未储能状态时，行程断路器 SP 动断触点接通，此时合上断路器 S，中间继电器 KM1 动作，KM1 的动断触点闭合，中间继电器 KM2 随之动作，KM2 的动断触点打开，KM2 的常开接点闭合，电动机与电源接通，合闸弹簧开始储能，如果合闸弹簧未储能到位，即行程断路器 SP 的动断触点未打开，这时即使控制断路器 SA 投向合的位置，合闸脱扣线圈 HG 也不会通电。当储能完成后，行程断路器 SP 的动断触点被打开，中间继电器 SM2 断电动作，电动机断电停转，此时若将控制断路器 SA 投向合的位置，合闸脱扣线圈 HQ 将通电使电磁铁动作，操动机构即进行合闸。控制回路的原理如图 2 所示。

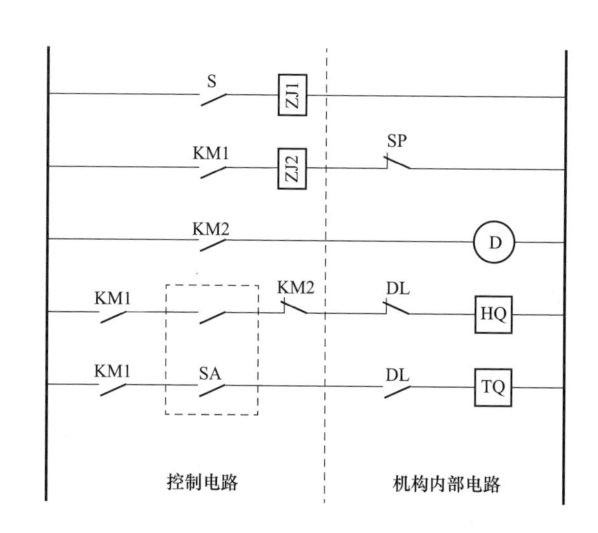

图 2　控制回路原理图

S—断路器；SA—控制断路器；SP—行程断路器；DL—辅助开关；D—电动机；

HQ—合闸线圈；TQ—分闸线圈；KM—中部继电器

合闸（分闸）线圈时按“短时间大电流”的原理设计的，根据电磁感应原理，线圈带电时，会产生较强的磁场，吸引电磁铁快速动作合闸半轴，释放弹簧能量进行合闸。保护装置的合闸保持继电器为其提供合闸所需的大电流，持续性右机构的开关辅助触点切换实现。线圈一般能承受 2～3s 的大电流，若合闸回路无法在该时间内有效地断开，则势必造成合闸线圈过热，甚至烧毁。

由断路器合闸过程可知，造成断路器合闸线圈烧毁的原因主要有以下几种：

（1）断路器的辅助开关工作不正常，断路器合闸后，辅助开关的触点没有断开或没有完全断开，造成合闸线圈长时间带电而烧毁。

（2）弹簧未储能，对于没有弹簧未储能闭锁合闸回路的断路器，未储能情况下合闸，容易引起合闸线圈长时间通电而损坏。

（3）断路器机构故障，如机构卡涩、传动连杆卡阻、动作不可靠等，都会使线圈通过电流却不能释放弹簧能量，继而烧毁线圈。

（4）控制电压较低，合闸线圈两端电压低于动作值而不能完成合闸，并使合闸线圈长期带电，导致合闸线圈的烧毁。

（5）线圈本身问题。如工作时间长，受潮绝缘老化，线圈阻值下降，导致大电流通过时烧毁线圈。

从现场检查情况来看，分合闸信号指示与一次位置对应，辅助开关触点应该是完好正常的，控制电压测量在额定操作电压220V范围内，排除原因（1）与（4）。对于CT19弹簧机构，如果开关未储能，合闸线圈不会通电，现场检查断路器处于已储能状态。断路器机构积尘较多，传动部位干涩，容易造成机构卡涩，当发出合闸信号时，合闸线圈撞针卡滞，撞击力不足使得合闸半轴未脱扣，线圈长时间带电而烧毁。

3 事故处理

对720断路器进行手动操作，手动分合正常，分合闸信号指示灯与现场一次位置对应。然后测量断路器分合闸线圈，发现分闸线圈电阻为134Ω，而合闸线圈电阻为424.6Ω（现场合闸线圈电阻标值为146Ω）远大于标准值。断路器合闸线圈阻值测量如图3所示。

现场对合闸线圈进行拆卸，更换新的合闸线圈，对机构进行清洁维护，传动部位喷涂除锈剂及黄油润滑处理。测得断路器合闸线圈电阻为146Ω，分闸线圈电阻为134Ω，根据《电力设备检修试验规程》（Q/CSG 1206007—2017）中规定：

（1）直流额定电压的80%～110%范围内可靠动作，并联分闸脱扣器应能在其额定电压的 65%～120%范围内可靠动作，当电源电压低至额定值的 30%或更低时不应脱扣。

（2）在使用电磁机构时，合闸电磁铁线圈通流时的端电压为额定值的 80%（关合峰值电流等于或大于 50kA 时为 85%）时应可靠动作。分、合闸线圈符合规程范围可靠动作，合闸为 150V、分闸为 105V 动作。现场多次手动分合及远方操作，断路器储能正常，分合正常。一次设备检查无发现异常，可以投入运行。图 4 为拆卸下的合闸线圈外观图

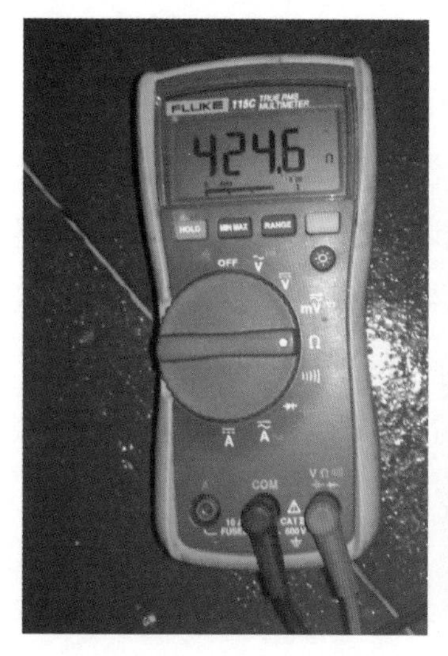

图 3　断路器合闸线圈阻值测量

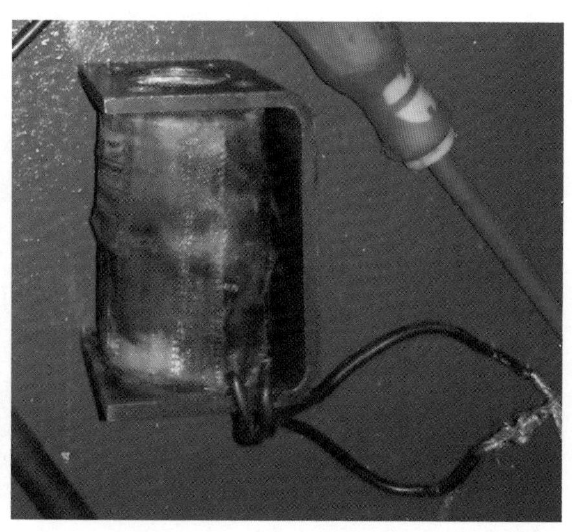

图 4　拆卸下的合闸线圈外观图

4　事故总结

CT19 型机构为目前该局开关柜的主要操动机构，其成熟的设计和优越的操动性能已得到实际广泛应用的实践证明。但是这种机构属于 20 世纪 90 年代的主流产品，到目前运行已超过二十多年，机构磨损严重、润滑条件下降、分合闸线圈烧毁等常见缺陷在该局频频发生，且 NS 变电站 10kV 开关柜属于 1999 年的产品，设备防护等级为 IP2X，受开关柜设计问题，机构设计在柜最底层（断路器机构如图 5 所示），散热差、容易受潮，机构容易积累污垢，导致机构各个部件积尘及受潮，容易造成动作卡阻产生线圈烧毁。

图 5　断路器机构图

针对该设备已经发生过类似缺陷问题导致整段开关柜跳闸问题，应对 10kV 开关柜开展差异化的运行维护策略，重点对 CT19 这种运行时间较长、结构设计复杂的机构进行定期检查维护，按照《电力设备检修试验规程》（Q/CSG 1206007—2017）每月应进行相关检查：①断路器分合闸指示与断路器实际状态及分合闸指示灯一致。②储能指示位于“已储能”位置。③动作计数器应正常显示。④断路器真空泡、机构能够看到的，真空泡应色泽光亮、无烧灼痕迹，机构应无尘，无生锈。⑤按 DL/T 664—2016《带电设备红外诊断应用规范》执行红外测温。

另外，CT19 型机构维护重点在于除尘、除锈、添加润滑油，检查分合闸弹簧复归弹簧的弹性，检查分合闸半轴的搭扣量在 1～2mm 范围之内，检查分闸油缓冲器的性能情况。针对开关柜因灰尘卡阻导致长期不动作的现状，提议开展开关柜轮操工作，条件为：①运行年限达到 12 年以上的；②设备处于四级污区或处于多尘环境的；③断路器机构属于下置式的，容易受地面灰尘及潮气影响的。凡满足以上三个条件之一的开关柜设备，每两年至少安排一次轮操工作，降低机构因长期不动作造成卡阻隐患。

变压器篇

110kV 变电站主变压器 110kV 侧套管缺陷分析

1 事故现象

运行人员巡视中发现 110kV YL 变电站 1 号主变压器 110kV 侧 A 相套管存在中下部局部过热现象。2017 年 08 月 07 日，高压试验人员进行了多个时间段的红外测温及在 08 月 11 日进行停电后的检查试验。其中测温结果发现 A 相、C 相套管存在异常发热，而 08 月 11 日的各项停电检查试验均合格。

2 事故分析

(1) 1 号主变压器 110kV 侧套管红外测温情况。2017 年 08 月 07 日，晴，气温 30℃，湿度 60%。采用萨特 G96 的红外成像仪，对 110kV YL 站 1 号主变压器进行连续跟踪的红外测温。在成像仪辐射系数 0.9，设备负荷电流 750A，环境温度 31℃的条件下，发现 1 号主变压器 A 相套管整体温度偏高，瓷套最高温度在最底下瓷裙为 58.6℃，往上逐步递减，顶部瓷裙最低为 54.3℃；而 C 相套管（同型号同批次）瓷套的最高温度在最底下瓷裙为 56.4℃，往上逐步递减，顶部瓷裙最低为 53.7℃。B 相套管（2010 年更换）瓷套的最高温度在最底下瓷裙为 53.9℃，往上逐步递减，顶部瓷裙最低为 52.5℃。三相红外热像图，如图 1、图 2 所示，温度对比分析见表 1。

作业人员现场测温比对，根据 DL/T 664—2016《带电设备红外诊断应用规范》和《变电一次设备缺陷定级标准》初步判断为重大缺陷。具体见图 3。

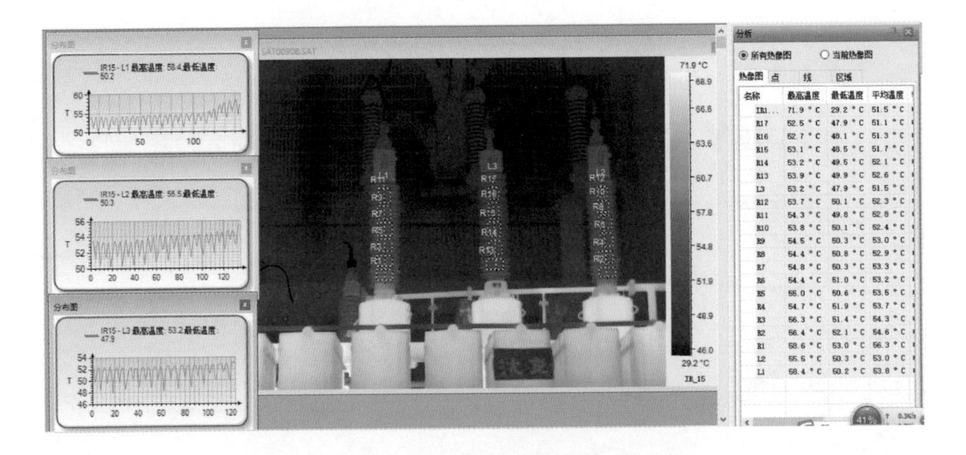

图 1　三相套管红外热像图

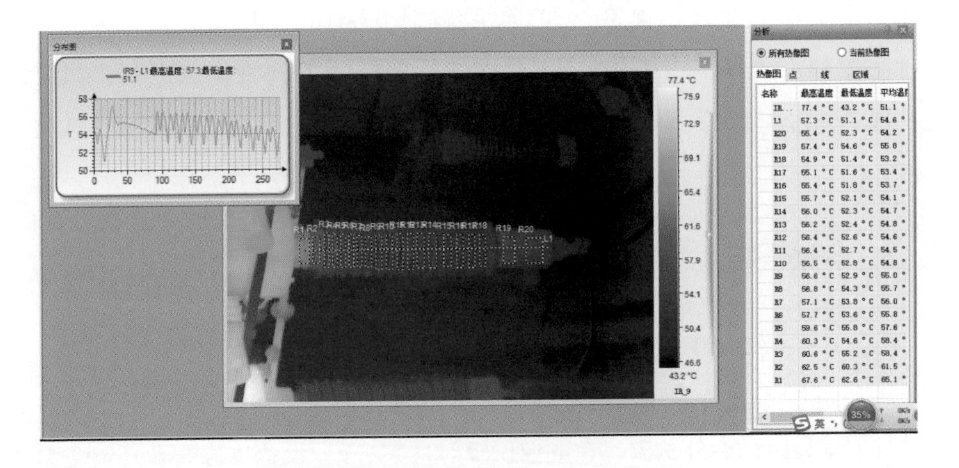

图 2　A 相套管红外热线图

表 1　　　　　　　　　　　　**三相套管温度分析表**

<table>
<tr><th rowspan="2">相别</th><th colspan="3">最高温度</th><th colspan="3">最低温度</th><th rowspan="2">单相最大温差（K）</th></tr>
<tr><th>最高温度位置</th><th>最高温度（℃）</th><th>最大相间温差（K）</th><th>最低温度位置</th><th>最低温度（℃）</th><th>最大相间温差（K）</th></tr>
<tr><td>A 相</td><td>最底下瓷裙</td><td>58.6</td><td rowspan="3">4.7</td><td>最顶部瓷裙</td><td>54.3</td><td rowspan="3">1.8</td><td>4.3</td></tr>
<tr><td>B 相</td><td>最底下瓷裙</td><td>53.9</td><td>最顶部瓷裙</td><td>52.5</td><td>1.4</td></tr>
<tr><td>C 相</td><td>最底下瓷裙</td><td>56.4</td><td>最顶部瓷裙</td><td>53.7</td><td>2.7</td></tr>
<tr><td colspan="8">判断依据：DL/T 664—2016《带电设备红外诊断应用规范》中“高压套管本体，温差达 2～3K，应进行介质损耗测量”。</td></tr>
</table>

（一）判断依据：规程标准 DL/T 664—2008《带电设备红外诊断应用规范》

高压套管缺陷诊断判据

序号	部位	要求
1	高压套管本体	温差达 2～3K，应进行介质损耗测量

（二）缺陷定级依据：南方电网公司《变电一次设备缺陷定级标准（运行分册）》

3.1.1.1.2　主变压器套管

缺陷部位	缺陷类型	缺陷表象	严重等级
本体	红外测试异常	本体发热、热像特征呈现为套管整体发热热像	重大
本体	红外测试异常	红外测温时套管本体湿度分布异常，相间温差大于 2K	重大

图 3　判断依据

（2）1 号主变压器 110kV 侧套管的绝缘及介损试验数据。2017 年 8 月 11 日，针对 A 相套管的发热现象，对 1 号主变压器进行试验检查，套管的绝缘、介损以及绕组的直流电阻等项目，数据合格，且与历史数据比较均无明显变化。绝缘及介损试验数据见表 2。

表 2　　绝缘及介损试验数据表

相序	铭牌电容（pF）	C_x(pF)	电容差（%）	tanδ(%)	主绝缘（MΩ）	末屏绝缘（MΩ）	末屏介损（%）
A 相	252.97	250.2	−1.1	0.345	40000	40000	0.297
B 相	315.0	312.7	−0.73	0.310	40000	30000	0.757
C 相	255.7	251.9	−1.5	0.350	40000	60000	0.243

（3）1 号主变压器 110kV 侧套管高压介损试验。

2017 年 08 月 11 日，在 1 号主变压器完成常规试验检查项目后，进行 110kV 侧套管的高压介损试验，数据合格，具体见表 3。

表 3　　套绝缘及介损试验数据表

设备名称	试验电压（kV）升	介损值（%）	电容量（pF）	试验电压（kV）降	介损值（%）	电容量（pF）
A 相	10	0.354	251.3	60	0.404	251.4
	20	0.354	251.2	50	0.388	251.3
	30	0.365	251.2	40	0.375	251.3
	40	0.373	251.3	30	0.365	251.2

续表

设备名称	试验电压（kV）升	介损值（%）	电容量（pF）	试验电压（kV）降	介损值（%）	电容量（pF）
A相	50	0.388	251.3	20	0.357	251.2
	60	0.403	251.3	10	0.356	251.1
	70	0.418	251.4			
B相	10	0.286	313.4	60	0.325	313.5
	20	0.294	313.4	50	0.316	313.5
	30	0.302	313.4	40	0.310	313.5
	40	0.606	313.5	30	0.302	313.4
	50	0.314	313.5	20	0.298	313.4
	60	0.324	313.5	10	0.295	313.4
	70	0.334	313.6			
C相	10	0.361	252.4	60	0.382	252.6
	20	0.366	252.5	50	0.378	252.6
	30	0.374	252.5	40	0.375	252.6
	40	0.373	252.6	30	0.373	252.5
	50	0.377	252.6	20	0.372	252.5
	60	0.382	252.6	10	0.373	252.4
	70	0.386	252.7			

（4）介质响应分析试验。2017年08月11日，在1号主变压器完成常规试验检查项目后，对1号主变压器110kV侧A、C相套管进行介质响应分析试验检查，试验结果合格。具体试验数据如图4、图5所示。

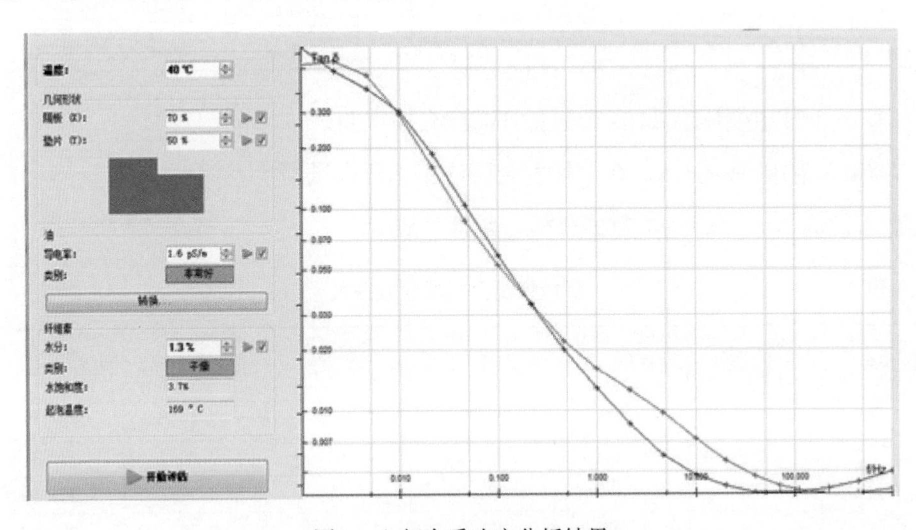

图4　A相介质响应分析结果

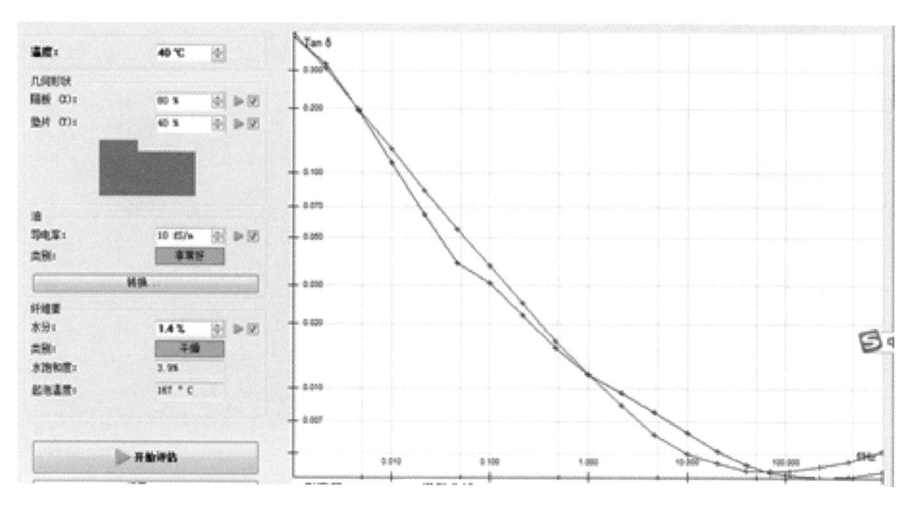

图 5　C 相介质响应分析结果

3　事故处理

3.1　一次检查及检修情况

检修班到达现场后首先对存在问题的变压器套管进行了检查。8 月 12 日对旧套管进行拆卸之前，检查套管绝缘子表面发现并无大量脏污，套管油位正常。将旧套管拆下吊起后，在套管内绝缘子表面未发现明显破损痕迹，TA 升高座内部也未发现明显异常。如图 6～图 8 所示。

(a)　　(b)

图 6　套管油位

(a) A 相套管；(b) C 相套管

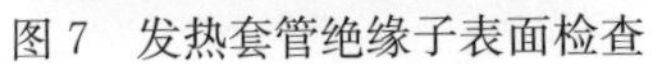

图 7　发热套管绝缘子表面检查

图 8　TA 升高座检查

现场对 A、C 相套管进行了更换，图 9 为套管更换后的情况，新套管型号为分别为 BRDLW3-110/630-3、BRDLW-110/630-3，图 10、图 11 为新套管的铭牌。更换后的套管在经试验所各项目试验合格后投入运行。

图 9　套管更换作业完成后情况

图 10　A 相套管铭牌

图 11　C 相套管铭牌

3.2　更换后试验情况

套管更换后相关试验合格，记录见表 4～表 6。

表 4　　**变压器绕组直流电阻测试**

相别	AN	BN	CN	相间偏差（%）
档位	实测值（mΩ）	实测值（mΩ）	实测值（mΩ）	
5	558.3	555.7	555.3	0.53
6	549.9	546.7	546.0	0.71
7	540.4	538.2	537.0	0.63
8	531.7	529.2	528.5	0.60
9	521.1	519.0	517.6	0.67
油温（℃）	40	40	40	40
规程要求	1600kVA 以上三相变压器，各项测得值的相互差值应小于平均值的 2%			

表 5　　**变压器绝缘电阻测试**

名称	HV、LV－E		HV－LV、E		LV－HV、E	
	出厂值（MΩ）	实测值（MΩ）	出厂值（MΩ）	实测值（MΩ）	出厂值（MΩ）	实测值（MΩ）
15s	—	—	—	2690	—	—
60s	—	—	—	4140	—	—
K(60s/15s)	—	—	—	1.54	—	—
油温（℃）	—	—	—	40	—	—
测量电压（V）	—		5000		—	

续表

名称	HV、LV—E		HV—LV、E		LV—HV、E	
	出厂值（MΩ）	实测值（MΩ）	出厂值（MΩ）	实测值（MΩ）	出厂值（MΩ）	实测值（MΩ）
规程要求	变压器电压等级为35kV及以上且容量在4000kVA及以上时，应测量吸收比。吸收比与产品的出厂值相比应无明显差别，在常温下应小于1.3；当R60s大于3000MΩ时，吸收比不做考核要求					

表6　　介损测试

介损测试：（吊装后）温度：37℃　湿度：50%　　试验日期：2017年08月13日

项目 / 相别	测试结果				
	编号	电容值（pF）	介损值（%）	末屏绝缘	油温（℃）
A	062	318.6	0.319	50000	40
B	—	311.8	0.297	20000	40
C	036	321.6	0.319	25000	40
N	—	220.7	0.318	30000	40
测试方法	10kV/正接法				

4　事故总结

经过试研所高压以及检修专业现场检查，未能发现导致套管发热的原因。8月15日，试验所化学专业对套管油进行取样分析，结果正常，结果见表7。

表7　　变压器套管油试验结果

项目	单位	A相套管试验结果	C相套管试验结果	规范要求
甲烷（CH_4）	μL/L	63.57	50.75	规范要求110kV以下电压等级设备，绝缘油微水含量≤20mg/L。运行中变压器套管油（220kV及以下）中溶解气体注意值：甲烷100μL/L、乙炔2μL/L、氢500μL/L
乙烷（C_2H_6）	μL/L	37.02	41.72	
乙烯（C_2H_4）	μL/L	15.46	3.32	
乙炔（C_2H_2）	μL/L	0	0	
总烃（C_1～C_2）	μL/L	116.05	95.79	
一氧化碳（CO）	μL/L	463	433	
二氧化碳（CO_2）	μL/L	3502	2357	
氢气（H_2）	μL/L	55.02	100.78	
微水（H_2O）	mg/L	7	6.6	
结论	试验结果符合规范要求，套管油试验合格			

经各专业对套管的检查及分析，套管相关试验均合格，套管发热原因初步推测有以下几种可能：

（1）套管内部存在微弱的渗漏点，导致套管内的变压器油与本体连通。由于变压器本体油温较高，变压器本体的油与套管的油形成对流，造成套管温度升高。

（2）套管的安装法兰与变压器升高座之间接触不良，不能有效接地，运行过程中法兰内会产生悬浮电位与环流，造成套管发热。

（3）套管表面存在大量脏污，引起红外测温误差。

500kV 主变压器分接开关调压失步故障分析

1 事件简介

2017 年 07 月 24 日 10 时 44 分，500kV GC 变电站值班员在值班时发现后台机出现“3 号主变压器本体——调压失步动作”报文，并伴有“3 号主变压器本体调压失步”光字。经现场检查，发现 3 号主变压器 B 相分接位置指示继电器指示灯灭，如图 1 所示（图 1 为异常消失后补拍），确定为 B 相调压失步。

图 1　分接位置指示继电器

2 事故分析

500kV GC 变电站采用分相变压器，无载调压，通过换向开关（+，−档）和分接头选择器（X1，X2，X3，X4，X5 档）共同确定档位。主变压器档位共有 9 档，对应关系分别为 1 档（－X5），2 档（－X4），3 档（－X3），4 档（－X2），5 档（－X1 或＋X5），6 档（＋X4），7 档（＋X3），8 档（＋X2），9 档（＋X1）。当前主变压器运行于 3 档，即换向断路器应为“－”位置，分接头选择器应为 X3 位置。

分接头选择器对应的行程断路器原理图如图 2 所示，调压时动触点随之转动，调压到位后动触点到达相应位置，压迫对应静触点，使行程断路器的相应触点随之导通。当前主变压器在 3 档，则分接头位置选择器为 X3 位置，分接头选择器对应的行程断路器辅助触点 24P3 闭合（见图 3），分接位置指示继电器 24PBX3 励磁（见图 3），分接位置指示继电器上的指示灯亮，其辅助动合触点“5-9”闭合（见图 4）。

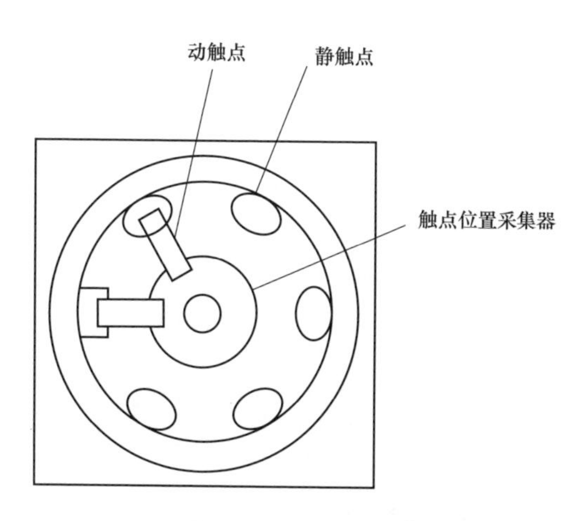

图 2　分接头选择器对应的行程断路器原理图

主变压器运行于 3 档时，换向开关为“－”位置，如图 4 所示，其行程断路器触点 TAP（－）闭合，B 相转换器（－）TBX1 得电励磁，动合触点“5-9”闭合。24PBX1 和 TBX1 的动合辅助触点均闭合时，B 相档位转码器 IF-B 的“3”号端子得电，B 相档位转码器输出相应的 BCD 码“0011”，即 B 相 BCD 码 1 重动继电器 TPBX1、B 相 BCD 码 2 重动继电器 TPBX2、B 相 BCD 码 4 重动继电器 TPBX3、B 相 BCD 码 8 重动继电器 TPBX4 分别为励磁、励磁状态、失磁、失磁状态，后台机得到相应的分接位置信号。

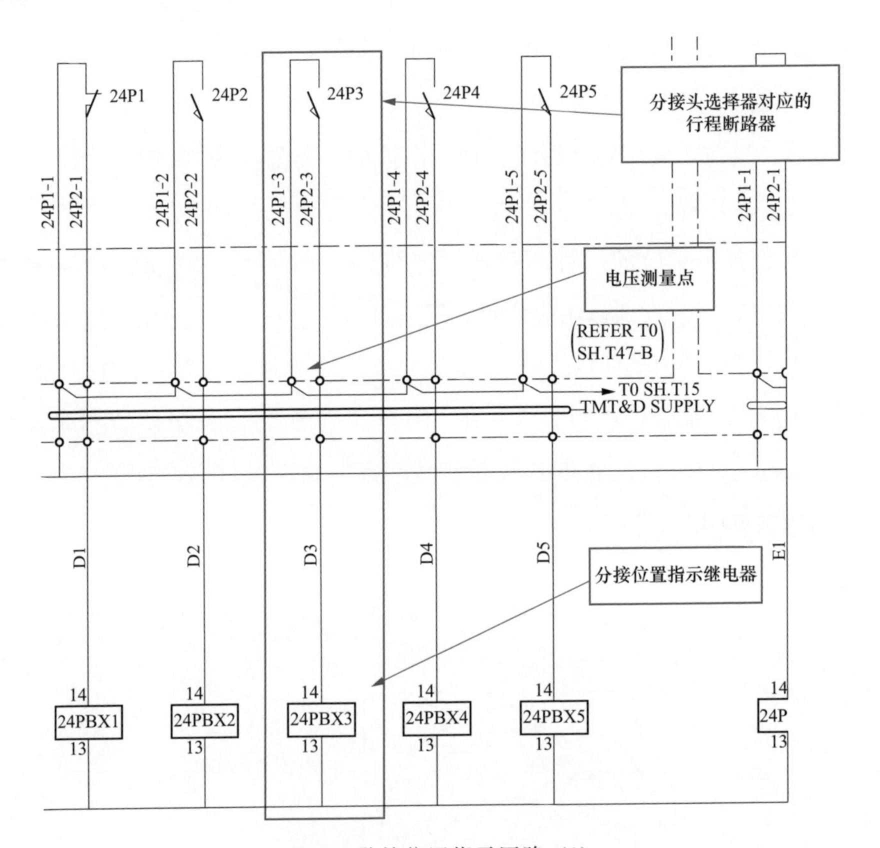

图3　分接位置指示回路（1）

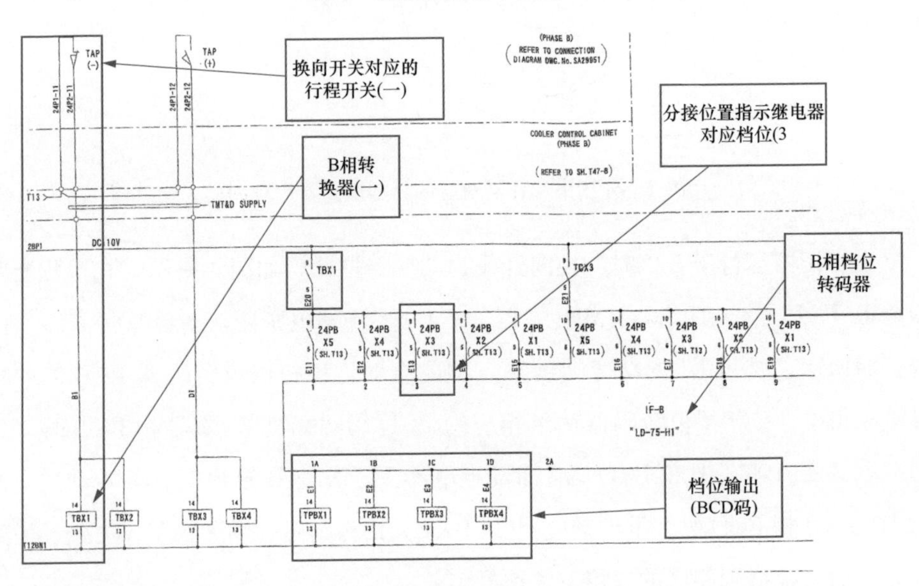

图4　分接位置指示回路（2）

调压失步监测回路如图 5 所示，若三相任一档位对应的换向开关转换器 TAX、TBX、TCX 和分接位置指示继电器 24PAX、24PBX、24PCX 的辅助动合触点均不能同时闭合，即三相没有指示为同一相位，则调压失步监测继电器 25PX 失磁，其动断触点“1-9”闭合，调压失步监测继电器的重动继电器 25PY 得电励磁，25PY 在告警回路中的动合触点“5-9”闭合（见图 6），后台机出现“主变压器本体——调压失步动作”报文，并伴有“主变压器本体调压失步”光字。

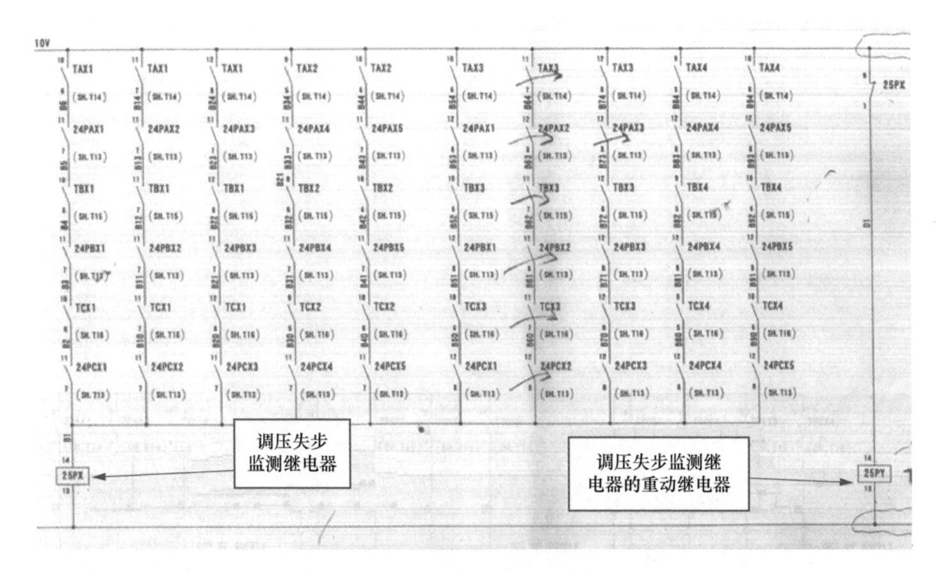

图 5　调压失步监测回路

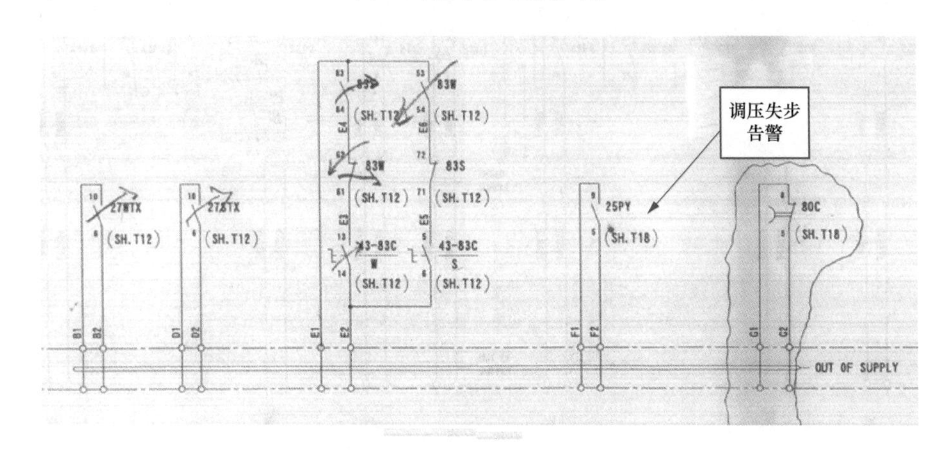

图 6　告警回路

3 事故处理

发现该情况后，值班员立即汇报当值班长，由值班长汇报给调度。因调压失步信号主要由同一档位对应的换向断路器转换器 TAX、TBX、TCX 和分接位置指示继电器 24PAX、24PBX、24PCX 的辅助触点未能同时闭合引发，因而值班员前往现场，检查 3 号主变压器各相调压装置外观无异常后，打开 3 号主变压器主控箱检查 3 档对应的换向断路器转换器 TAX1、TBX1、TCX1 和分接位置指示继电器 24PAX3、24PBX3、24PCX3，发现 3 号主变压器 B 相分接位置指示继电器 24PBX3 指示灯灭，因而可以判断为图 3 分接位置指示回路（1）未导通或 B 相分接位置指示继电器 24PBX3 指示灯损坏。分别测量分接头选择器对应的行程断路器 24P3 两侧节点 24P1-3 和 24P2-3 对地电压（见图 7、图 8），两节点电压为异极性，说明出现异常信号的原因为行程断路器辅助触点 24P3 未导通导致。根据行程断路器的旋转结构，初步判断可能为行程断路器动静触点未能压合良好。使用经绝缘胶布包裹良好的螺钉旋具拨动行程断路器触点 24P3，3 号主变压

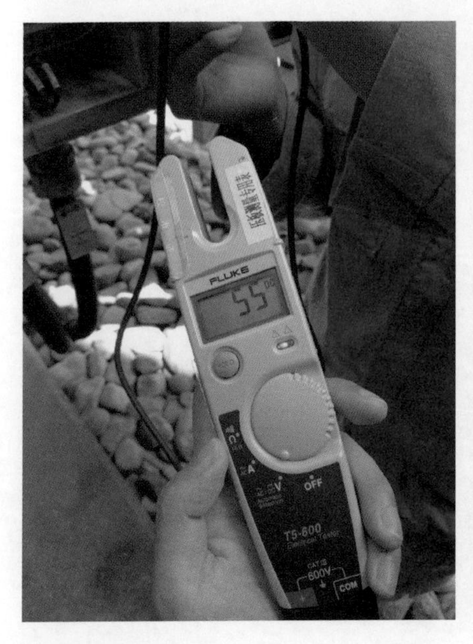

图 7 测量分接头选择器对应的行程断路器 24P3 一侧节点 24P1-3 对地电压

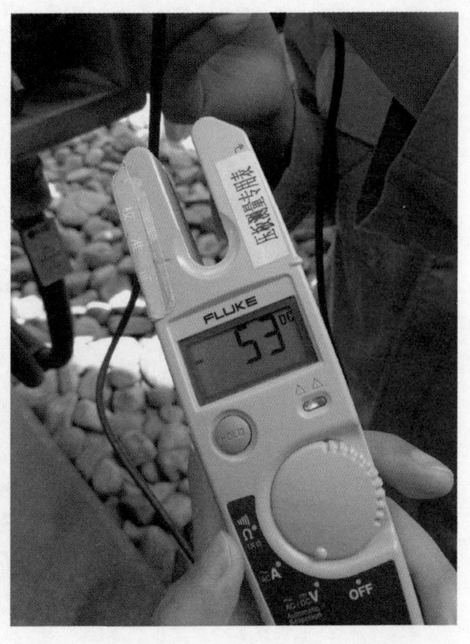

图 8 测量分接头选择器对应的行程断路器 24P3 一侧节点 24P2-3 对地电压

器 B 相分接位置指示继电器 24PBX3 指示灯亮，后台异常信号消失，行程断路器 24P3 两侧节点对地电压同为 55V，证实判断正确，异常消除。

4 事故总结

调压装置是变压器的重要组成部分，若主变压器三相分接头位置不对应引起调压失步将导致中压测三相不平衡，出现零序电流和零序电压，长时间失步还可能使变压器过热或跳闸，因而需要采用调压失步监视回路监视变压器是否失步。

分接头选择器对应的行程断路器由于运行年限较久，动静触点可能接触不良而导致调压失步回路误动，使得后台机误报调压失步。若异常得不到及时处理，则调压失步监视回路将失去作用，为提高此类异常的处理能力，做出如下总结：

（1）加强主变压器本体二次回路和主变压器说明书的培训学习，提升现场接线查找能力，做到图实对应。

（2）专项培训学习各类行程断路器的动作原理，增强对各种行程断路器的异常判断和处理能力。

（3）加强主变压器的日常巡视，严查各类箱体的密封情况，确保二次回路和装置拥有良好的运行环境。

110kV 变电站主变压器冷却器风扇不能转动故障分析

1　事故简介

2016 年 07 月 28 日 10 时 21 分，值班人员在接到监控通知，110kV　XK 变电站发出 2 号主变压器“冷却器电源故障”报警。10 时 43 分，值班员到达现场检查发现 2 号主变压器冷却器全停，检查发现“C1 风机电源接触器分闸”，因此风机无启动。2 号主变压器 1 号冷却器风机、2 号主变压器 5 号冷却器风机熔断器烧坏。值班人员将 2 号主变压器 1 号冷却器风机、2 号主变压器 5 号冷却器风机熔断器取下，并将该两支路电源接线处解除接线电源，其余风机投入运行。图 1 为 2 号主变压器风扇电源箱。

图 1　2 号主变压器冷却器风扇电源箱

2 事故分析

电力变压器是变电站的主要设备，大中型电力变压器容量大，大多采用自然油循环吹风冷却方式。根据电力变压器绝缘老化理论，如果维持变压器绕组最热点温度不超过 95℃，可以保证电力变压器正常使用 20～30 年，然而大中型电力变压器在实际运行中，由于多方面原因导致电力变压器冷却风扇电机损坏，影响电力变压器的散热，致使变压器温升增加，绝缘老化，最终使电力变压器无法正常运行，影响其使用寿命，造成损坏。对异常情况能够快速作出正确的判断从而保障电网的安全可靠，因此对这次冷却器全停进行异常技术分析是十分有必要的。

2.1 电力变压器冷却风扇的组成

电力变压器冷却风扇专用鼠笼式三相异步电动机和安装于电机转子轴端的轴流式风扇组成。风扇本身很少发生故障，绝大多数故障发生在配套使用的三相异步电动机或风扇电机控制箱。其中，95％的故障是由三相异步电动机所致。因此准确分析判断专用三相鼠笼式异步电机故障原因并及时修复，对满足大中型电力变压器散热要求，保证电力设备的安全可靠运行具有重要的意义。

2.2 风扇专用电机故障原因分析及对策

（1）机械故障。变压器风扇电机常见的故障 30％～40％是电机轴承损坏，轴承损坏的形式有两种，一种是轴承抱死，电机转子不能转动，这样会导致电机因堵转造成三相短路烧毁电机或损坏控制系统。另一种是轴承磨损，间隙增大引发电机转子与定子摩擦扫膛，定子温升增加绕组绝缘老化或烧毁。处理方法是及时更换电机轴承，应选用电机专用高速轴承，精度等级为 P5。

（2）电器故障。

1）电机进水受潮。变压器冷却风扇垂直安装于室外电力变压器散热器中部，因此电机极容易进水受潮，根据对电机的统计分析，约有 30％的烧毁电机是因进水受潮损坏。电机进水后会造成绕组绝缘等级急剧下降，发生相间击穿，对地击穿或匝间短路故障。最终使电机烧毁。另外，进水受潮会造成电机轴承锈蚀、磨损加剧，或发生轴承卡死电机转子堵转现象。处理方法：对于室外安装的风扇电机应在设计方面作出改进，提高电机的防护等级，以防止雨水进入受潮。对已损坏需修复的电机，应加强电机止口、引线、轴与端盖之间的防水处理，尽力减少电机进水的可能。

2）缺相运行。风扇电机在运行中因线路、控制箱故障或三相电源缺相都会造成缺相运行。三相电机在缺相运行时短时间内就会造成绕组烧毁。处理方法是加装断相保护电路，变电站修试人员应定期检修，值班人员应经常巡视。

3）电源不正常。风扇电机属鼠笼式三相异步电动机，其工作性能受电源影响。当电源电压波动，发生过电压、欠电压或三相电压不平衡时都会影响电机的正常工作。严重时还会造成电机损坏。采取的措施：在电路中安装过电压，欠电压保护电路。

（3）风扇电机绕组烧毁的修理。

1）风扇电机属微电机。电机功率 0.25kW，电压 380V，转速 1400r/min、工作方式连接、绝缘等级 A-E 级。常见型号有 JOSZI-4JWF-600，BF-40℃，3F2-4 等系列，绕组线径在 0.33～0.41 之间，匝数为 180～200 匝，因绕组线径小，匝数多，根据实际情况统计，当电机绕组发生故障时，通常匝间绝缘均已破坏，因此不能进行局部绕组修理，必须进行绕组重绕修理。

2）绕组重绕修理方法。

a. 绕组拆线前的记录。首先要记录铭牌数据，或统编号保护铭牌完好。把每台电机的定子、转子、端盖各自做好标记，不能乱堆乱放，互换使用，否则影响修复后的性能绕组数据记录。其次应记录定子槽数、绕组形式、极相组数（线圈组数）、节距、并绕根数、匝数、线径、绝缘结构、接线方式、引出线位置。

b. 拆线清理定子铁芯：拆线采用低温冷拔方式，应避免高温拆线破坏铁芯绝缘。拆线完毕要彻底清除滞留在铁芯槽内的残余绝缘或电弧瘤。清除干净后用中性溶剂清洗干净，烘干后方可垫槽绝缘。

c. 绕制线圈．电磁线的选用应参考原线型及技术手册。线圈几何尺寸，根据电机型号，对照手册中的线模尺寸数据，依电机定子实物确定。在绕线过程中，应杜绝损伤电磁线绝缘。

d. 嵌线。线圈饶好后，垫入槽绝缘，便可按原绕组结构形式下线，下线中一定要保护绝缘结构，如有损伤应立即处理。相绝缘应在嵌线过程中顺序垫入，下线完毕检测每个极相组对地及相间绝缘，均合格后再核实线圈首尾端，按原接线方式接线。

e. 绑扎及引出线。微电机必须进行端部绑扎，绑扎时应充分考虑绕组与机壳的空气隙距离，以确保绝缘等级要求，引出线用防水电缆，按原设计引出。

f. 浸渍绝缘漆及烘干。微电机的浸渍是道关键工序，浸漆定要严格按有关标准及要求进行，最好采用真空浸漆及干燥设备。

g. 清理及组装。浸漆干燥后的定子，先清理定子铁芯膛内的残留绝缘漆，经初步绝缘检测合格后，便可组装转子。注意，必须按拆时标记组装。不准互换错装，在易进水的接触面应涂防水胶或进行防水处理。

h. 出厂试验。每台电机出厂前应做绝缘电阻、耐压、空载、短路、负载试验。试验数据应符合国家标准方可出厂使用。

3 事故处理

值班人员到达现场检查发现 2 号主变压器冷却器全停，检查发现 C1 风机电源接触器分闸，因此风机无启动。2 号主变压器 1 号冷却器风机、2 号主变压器 5 号冷却器风机熔断器烧坏，而该两支路电源线有严重老化现象。值班人员将 2 号主变压器 1 号冷却器风机、2 号主变压器 5 号冷却器风机熔断器取下，并将该两支路电源接线处解口，将其余风机投入运行。由于正值进入夏季用电高峰期，用电负荷达到满负荷运行时候，在此同时值班人员还采取临时应急措施：一方面用大功率移动风扇投入对主变压器外围吹风散热，另一方面用水对主变压器进行喷洒，通知所属供电分局对用户进行负荷转移，减轻对主变压器的工作压力，使 2 号主变压器温度得到控制，保障主变压器的稳定运行。由于该电机使用年限已久，市面上没有此型号电机销售，其他型号电机不配套。因此只有对电机绕组重绕修理才能使用。

4 事故总结

由于冷却系统投运时间长，冷却器中的支路线路绝缘日渐老化，加之风扇运转时电流较大，接触点发热严重，所以对于冷却系统的检查和维护越来越需要重视，但是冷却器由于长时间的安全运行，容易产生麻痹大意，同时缺少对冷却系统进行技术培训和事故应急处理措施等宣贯，造成安全盲点。希望本次事故异常处理分析，可加强值班员对冷却系统技术知识的学习和掌握，使值班员可以更快地排除故障，保障电网的安全稳定运行。

强迫油循环风冷主变压器冷却器故障分析

1　事故简介

监控通知当值运行人员 WJ 变电站报“主变压器冷却器故障异常信号”，未复归。运行人员现场检查站端后台机频发 1 号主变压器冷却器故障报文，如图 1 所示。检查 1 号主变压器冷却器控制箱上Ⅰ路电源指示灯亮，工作正常，4 号、6 号风机“状态选择把手”KK 投工作位置，如图 2 所示，但 1 主变压器本体 4 号风机、6 号风机停转。将 4、6 号风机“状态选择把手”KK 切换至停止位置后，1 号主变压器冷却器故障信号复归，1 号主变压器冷却器故障光字牌熄灭。

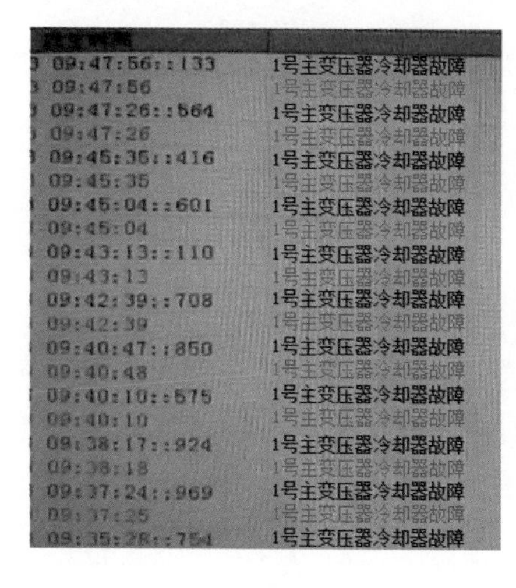

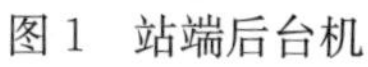
图 1　站端后台机

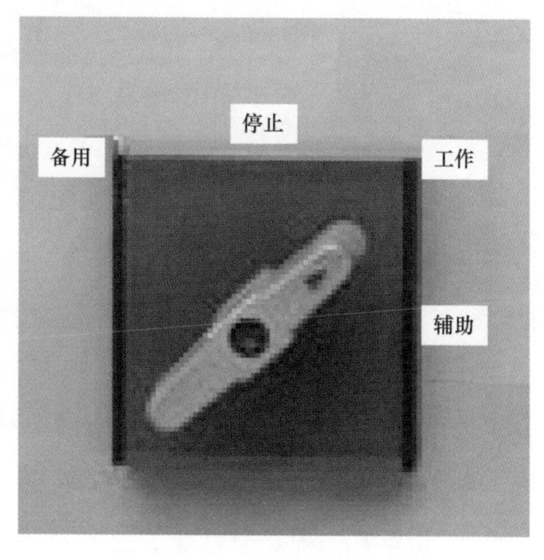

图 2　风机“状态选择把手”KK

2　事故分析

该主变压器冷却系统为强迫油循环风冷系统，共有 6 台风机（每台分上、下小风机）、6 台油泵，风机与油泵构成 6 组冷却散热器，油泵运转形成的油路，通过风机的吹风达到迅速散热的目的，若油泵或风机任意一个不运转，将大大降低主变压器的冷却功能，6 组冷却散热器有工作、停止、备用、辅助几个状态位置选择，如图 3 所示。若冷却散热器投工作位置，该组散热器的油泵及风机必须运转，如图 4、图 5 所示，若两个任一设备不运转则需发信“报冷却器故障”，以便提示运行人员关注处理。因此报冷却器故障后，必须通过图纸（见图 6），从冷却器的工作电源回路、风机、油泵的动力回路及控制回路排查，进一步确认具体哪台冷却设备的确切故障点。

图 3　主变压器冷却系统控制面板

图 4　4 号风机

图 5　油泵

3　事故处理

根据站端后台机主变压器信号报文、光字牌、保护装置信息，确定冷却器故障的范围属于 1 号主变压器的冷却器；通过检查 1 号主变压器 6 台冷却散热器的工况，缩小排查范围。现场发现 4 号、6 号风机停转，其他 4 台冷却散热器（风机、油泵）正常运转，打开 1 号主变压器冷却器控制箱，查看 6 组冷却散热器的投入状态，4 号、6 号风机“状态选择把手”KK 在工作位置，却未正常运转。将两台风机“状态选择把手”KK 切换至停止位置，“1 号主变压器冷却器故障”信号复归，再次确认“冷却器故障信号”的发出是由这两台冷却散热器故障造成，该信号为正确发信，并将现场检查汇报调度。

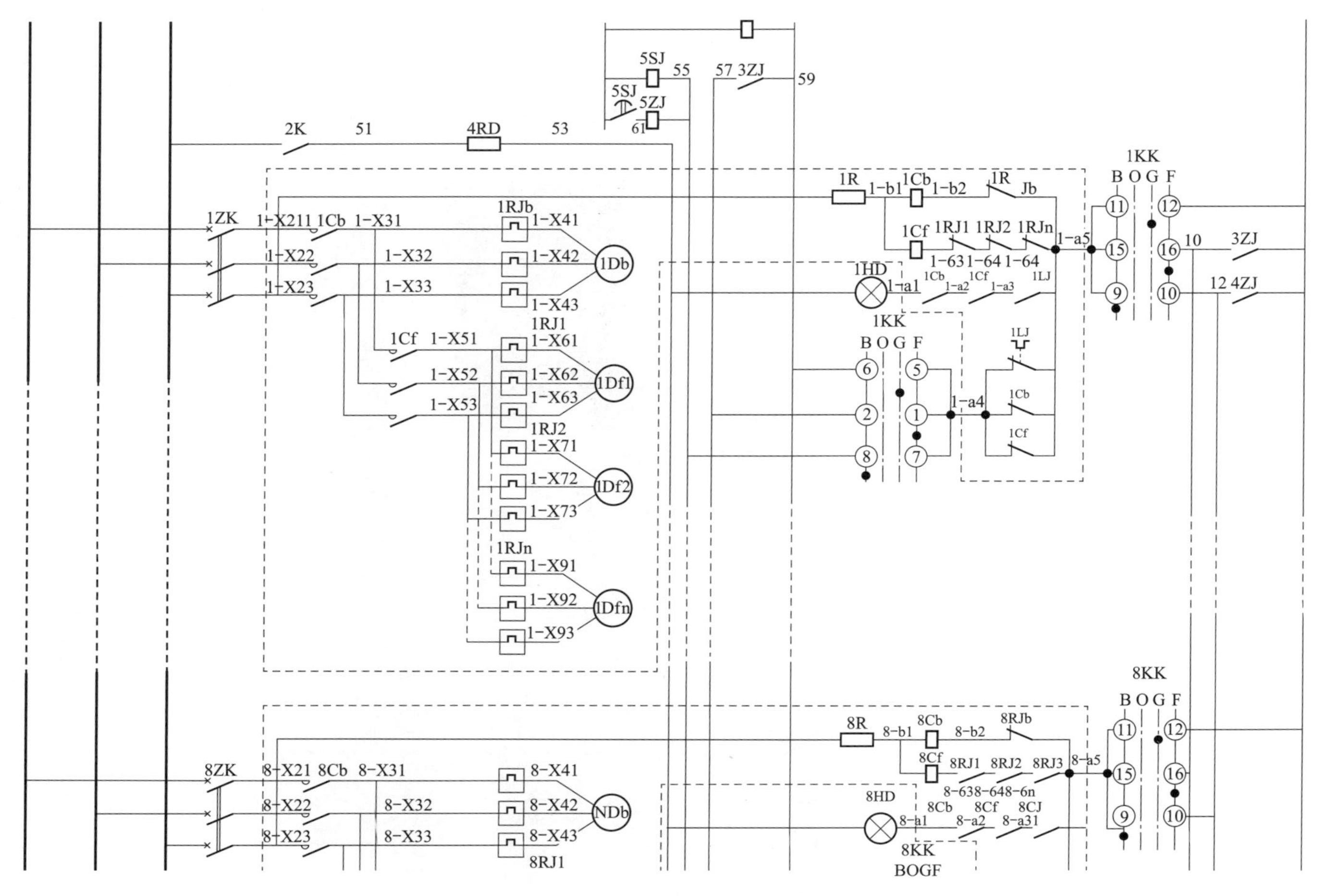

图 6　主变压器冷却器控制回路图

(1) 分设备排查。

1) 检查预置。1 号主变压器冷却电源控制箱Ⅰ段控制电源投入，4 号，6 号风机冷却器“状态选择把手”KK 在工作位置，先查动力回路，再查控制回路。

2) 1 号主变压器 4 号风机故障处理过程。1 号主变压器 4 号风机上、下风机不能运行。将 4 号风机“状态选择把手”切换至工作位置时，启动瞬间，风机交流接触器能吸入，但风机未运转，并伴随卡阻异响，十几秒后风机热偶继电器动作，风机交流接触器不能吸入，后台机报“1 号主变压器冷却器故障信号”，再检查风机、油泵控制回路正常，保险导通，油泵电机回路正常，4 号油泵能正常运转，4 号风机交流接触器不能吸入，上侧有电压，下侧无电压。怀疑风机卡滞，导致风机不能运转，如图 7 所示。

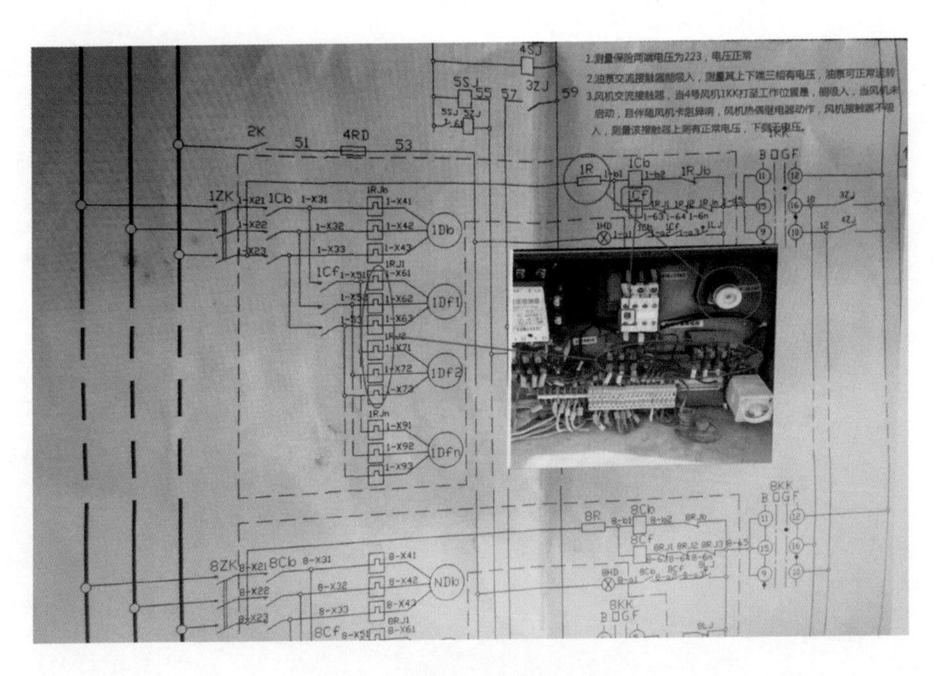

图 7　4 号风机故障排查示意图

3) 1 号主变压器 6 号风机故障处理过程。1 号主变压器 6 号风机上、下风机，6 号油泵不能运行。6 号风机“状态选择把手”打至工作位置时，启动瞬间，风机交流接触器能吸入，但风机未运转，测量该接触器动合辅助触点，上下侧无电压，再测量油泵交流接触器动合辅助触点，上侧有电压正常，下侧无电压，油泵未能运转，油泵延时启动时间继电器，超过 5min，OUT 灯仍未有输出（超过设定的启动延时）。怀疑油泵的交流接触器异常，导致动合辅助触点不能闭合，同时，因为风机交流接触器的动合触点接在油泵交流接触器的动合触点之后，导致风机动力回路也不通，如图 8 所示。

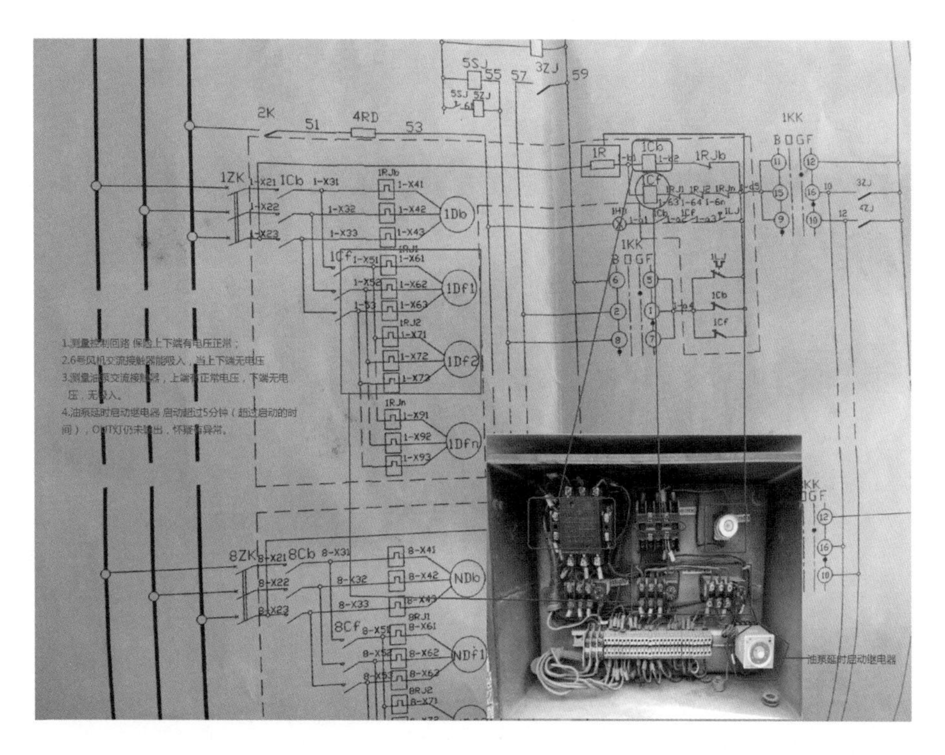

图 8　6 号风机故障排查示意图

4）检查后。1 号主变压器冷却器控制箱 4 号、6 号风机冷却器“状态选择把手”KK 切换至停止位置，防止信号误报。填报缺陷系统，待班组检查处理。

（2）消缺跟踪验收。经班组检查发现 4 号风机的交流接触器损坏、并更换，风机存在卡阻；6 号油泵的交流接触器、延时启动时间继电器损坏，更换备品后二次回路恢复正常，风机可正常运转，缺陷消除。

4　事故总结

（1）加强对主变压器冷却系统维护，并结合红外成像测温，深入检查冷却系统回路各个原件的运行工况。

（2）掌握通过信号报文、光字牌缩小故障排除范围的思路，从表象分析内在问题。

（3）熟悉主变压器冷却系统控制回路图，对冷却器工作的原理及重要性要有高度的认识，熟知冷却器故障不同程度的缺陷定级，熟知现场主变压器油温的控制要求，并及时向调度汇报提出管控措施。

（4）查找冷却器故障思路需清晰，通过简单的表象初步确认故障范围，按先动力回路，后控制回路快速确认故障点。

（5）加强缺陷的跟踪，自己的检查结合与班组的最终检查结果对比，提升对设备的深度管理。

110kV 变电站主变压器差动保护动作事件分析

1 事故简介

2015 年 10 月 28 日 01 时 43 分，监控通知“110kV NS 变电站 3 号主变压器跳闸，差动保护动作，10kV 备用电源自动接入装置动作正确”，要求相关巡维中心人员到现场检查情况。相关巡维中心运行人员在 01 时 55 分到达 NS 变电站现场检查，确认 3 号主变压器差动保护动作，103 断路器、503 断路器、502 甲断路器在分闸位置，10kV 分段 500、550 备用电源自动接入装置动作，500 断路器、550 断路器均在合闸位置。对 3 号主变压器本体、103 断路器间隔设备、3 号主变压器 10kV 侧母线桥、3 号接地变压器室内设备、10kV 高压室内设备进行检查，发现 3 号主变压器 10kV 侧 503 开关柜前下门及后门打开，并有烟雾飘出，其余设备均无发现异常。

2 事故分析

（1）事件发生前 NS 变电站运行方式。

110kV 侧：1～3 号主变压器分列运行；

10kV 侧：1 号主变压器供 10kV 1M 母线运行，2 号主变压器供 10kV 2 甲 M、2 乙 M 母线运行，3 号主变压器供 10kV 3M 母线运行，10kV 分段 500 断路器、550 断路器热备用。

事件发生前 NS 变电站运行方式如图 1 所示。

（2）事件发生后检查及分析结果。继保专业检查 3 号主变压器差动保护装置及后台报文，2015 年 10 月 28 日 01 时 35 分 51 秒 958 毫秒，3 号主变压器差动保护 PCPU 复式比率差动动作、PCPU 差动电流速断动作，故障判别为 C 相，二次故障电流为 15.94A(变比 3000/5)，折算一次电流为 9564A，15ms 后，01 时 35 分 51 秒 973 毫秒，PCPU 差动电流速断返回；而此时，15ms 断路器没有跳开切除故障，01 时 35 分 52 秒 02 毫秒，PCPU 差动电流速断动作，障判别为 BC 相，通过录波图判断为 BC 相间短路，故障二次电流为 42.04A(变比 3000/5)，即一次电流为 25224A；随后，01 时 35 分 52 秒 16 毫秒，103 断路器、503 断路器跳开，差动保护动作正确。随后 10kV 分段 550 备用电源自动接入装置动作，合 550 断路器，并跳开 502 甲断路器，启动均分负荷，10kV 分段 500 备用电源自动接入装置动作，合上 500 断路器，10kV 分段 500、550 备用电源自动接入装置动作正确。

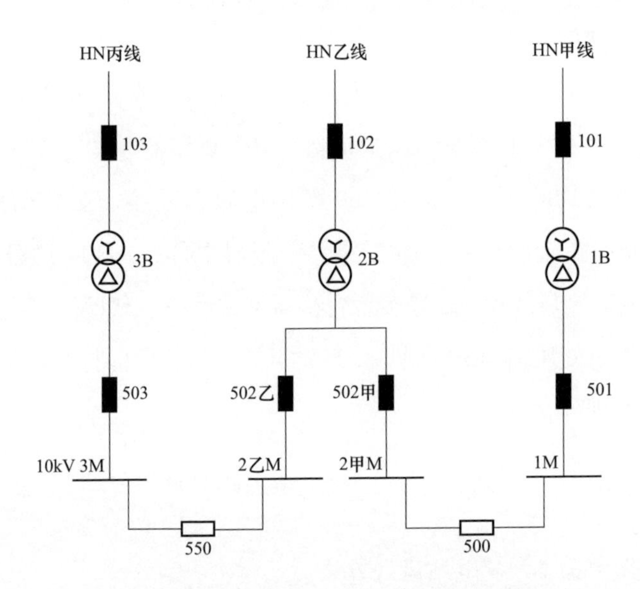

图 1　事件发生前 NS 变电站运行方式简图

而从保护录波图可见，C 相首先出现故障电流，相继是 B 相、A 相，故障电流基本上为正弦波，并且方向没有发生反转，判断为差动保护范围内的内部故障。根据以上信息及录波图分析，初步判断先发生 C 相故障。发展为 BC 相间故障，后变为三相故障。

检修专业检查 10kV 503 开关柜，柜内传出烧焦味，柜面及外壳未见异常，柜内相关设备具体检查和分析如下：

1）503 开关柜正面情况（如图 2 所示）。检查断路器机构，储能弹簧、分闸弹簧外观完好，齿轮、传动转轴、辅助断路器拐臂等部位未见卡阻，线圈阻值正常，油缓冲器未见渗漏油，未发现零部件损坏，紧固件松懈、线头脱落等情况。

图 2　503 断路器机构外观

柜内原本安装在 C 相铜排的传感器外壳（传感器安装在铜排下方，靠扎带及缠包带固定）散落在断路器 B 相动支架上方（见图 3），其固定用的扎带尚夹在 C 相铜排中间（见图 4），其中 B 相铜排的传感器缠包带已经烧熔，断路器三相支架散热片被烧黑，5033 隔离开关下刀头 A、C 相静触指外侧磁锁板烧损，动触点及支柱绝缘子轻微熏黑（见图 5），缠包带、扎带散落在开关柜下部（见图 6），

图 3　503 开关柜内正面检查情况

支架支持绝缘子外表未见损伤，真空泡除B相表面粉尘较多外，三相真空泡未见破损。由于10kV 3M母线仍在运行中，5033隔离开关母线侧刀头未做检查。

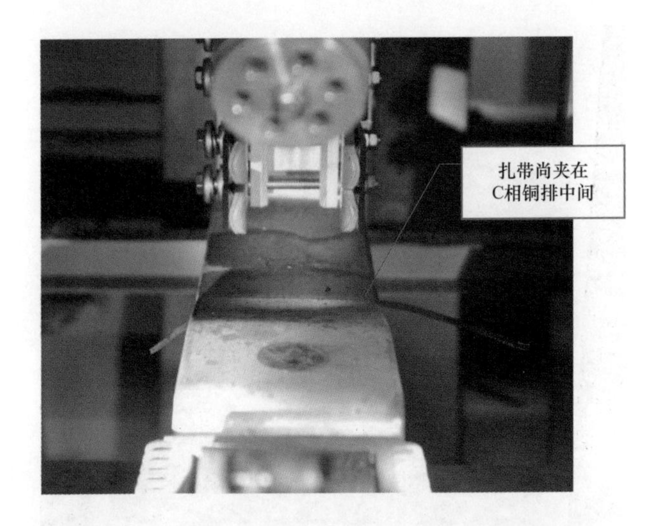

图4　C相铜排扎带

图5　5033隔离开关A相下刀头情况

2）503开关柜后柜门检查情况。3号主变压器10kV侧电流互感器A、C相外绝缘有沿面爬电痕迹（见图7），C相右下侧留有温度传感器的碎片，A、C相进线母排靠TA内壁处有轻微烧蚀（见图8、图9），后面可见共安装6块温度传感器，只有C相上部传感器爆裂，其碎片四溅在柜内（见图10）。5033隔离开关A相支柱绝缘子外表有轻微烧黑，检查柜内铜排、螺栓紧固情况，发现开关A、

B、C 相上方动支架铜排搭接面熏黑较为严重，三相接触面的紧固螺栓力矩不满足要求，其前端的二次接线盒槽外壳有明显的放电灼伤痕迹（见图 11）。

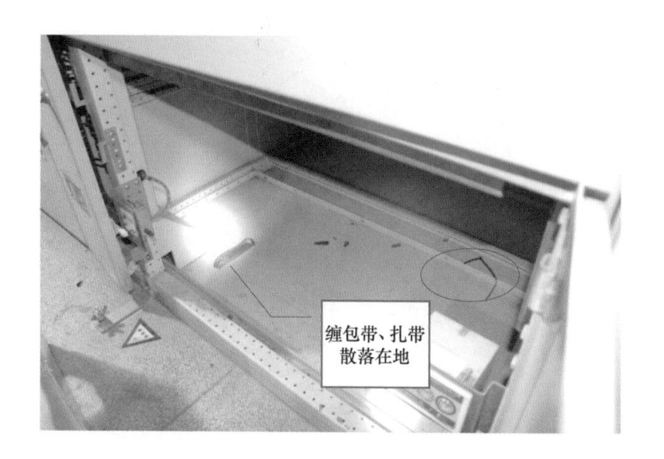

图 6　503 开关柜下柜情况

图 7　503 开关柜后柜门情况

图 8　变压器低压进线母排受损情况

图 9　B、C 相变压器低压进线母排受损情况

图 10　传感器碎片散落在柜内

（3）故障判断。故障当天 503 断路器间隔更换了 5033 隔离开关，柜内开关及母排连接经过重新紧固及力矩处理。故障后备用电源自动投入装置正确动作，5033 隔离开并仍在合闸状态运行了近 2h 才拉开，可排除 5033 隔离开关安装及合闸异常等问题引起的故障。

503 断路器外观完好，经耐压、绝缘及机械特性测试均合格未进行任何调整，清洁及紧固检查后已恢复送电，可排除 503 断路器引起的故障。

综合上述，可排除 503 断路器及 5033 隔离开关因本体故障引起本次故障。

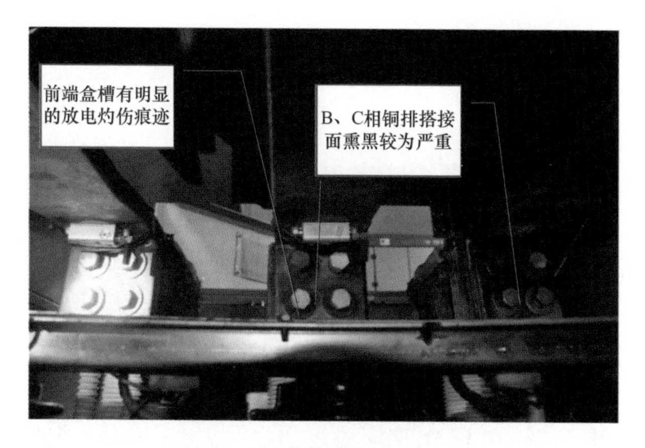

图 11　柜内传感器安装位置

从检查情况来看，只有 C 相上部温度传感器发生爆裂，其他五个传感器外观完好并固定于柜内母排上。传感器靠扎带及缠包带固定在母排上，而现场 C 相传感器的外壳却跌落在断路器 B 相动支架上方，在原固定位置顶部即是母排完全没有角度能够到达故障后的位置，判断在故障前该传感器已经移位或脱落。温度在线监测装置如图 12 所示。

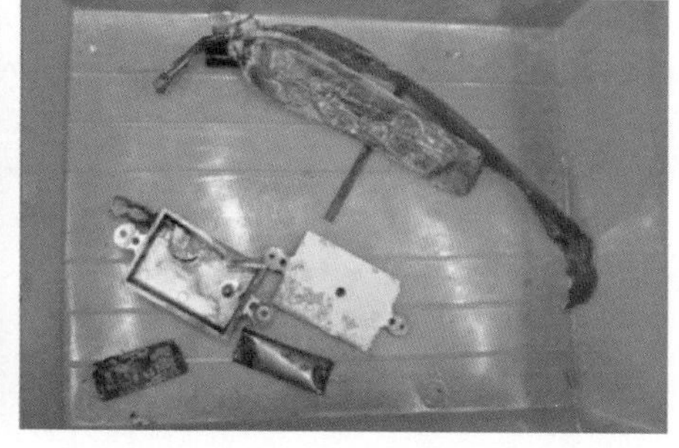

图 12　左为完好的温度在线监测装置内部结构，右为爆裂的监测装置

测温装置厂家翻查后台记录，发现在 10 月 27 日该传感器安装工作完成投入运行后有温度过热报警，最高超过了传感器的测温范围（125 度）。503 断路器负荷曲线见图 13。

若柜内一次设备原发性发热引起绝缘劣化而造成的故障应该能量较大并伴有绝缘的不可逆损伤，但从现场情况看，除 C 相传感器外其余元件完好，绝缘、耐压试验均未见异常，受损轻微，经过清洁及紧固检查后即恢复送电，且后续测温也显示柜内温度在正常范围内。因此，可判断柜内一次设备原发性发热引起绝缘劣化而造成的故障概率较小。

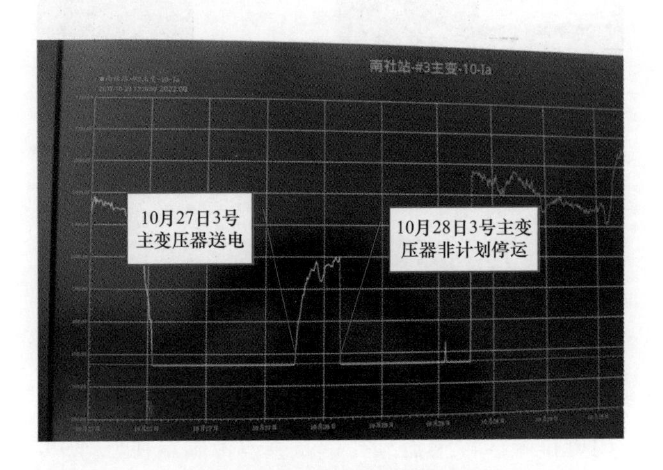

图 13　503 断路器负荷曲线

综上所述，初步判断该次故障的原因如下：传感器内部主要由一小块集成电路板及电池组成，结合后台保护信息［3 号主变压器差动速断保护动作（故障类型 C)］，判断是 C 相上部传感器因为断路器上基座发热使其内部故障造成解体爆裂，其碎片与变压器低压进线 C 相母排距离不足导致接地短路，产生高温粉尘使柜内绝缘劣化形成放电通道，从而引发三相短路故障。

3　事故处理

值班人员将相关情况向当值监控反映后申请将 NS 变电站 3 号主变压器 10kV 侧 503 断路器转检修。在 10 月 28 日 03 时 56 分，根据地调命令，将 NS 变电站 3 号主变压器 10kV 侧 503 断路器转检修，在 04 时 49 分操作结束。

根据检修试验要求向调度申请将 NS 变电站 3 号主变压器本体转检修，在 10 月 28 日 05 时 10 分，根据地调命令，将 NS 变电站 3 号主变压器本体转检修，在 05 时 46 分操作结束。

经检修班处理 503 开关柜后，在 10 月 28 日 13 时 31 分，向地调申请将 NS 变电站 3 号主变压器及两侧断路器由检修转运行，在 15 时 40 分完成送电操作，全站恢复正常运行方式。

综合现场检查情况，确定故障间隔为 503 开关柜。检修专业对柜内进行清洁，清抹支柱绝缘子、开关真空泡，清除柜底残留异物，拆除已经安装的温度传感器（见图 14）。对 503 断路器进行维护及相关试验项目，测试结果均为合格（见表 1）。继保专业对 TA 进行一次升流试验，二次回路绝缘试验，试验结果均合格。3 号主变压器差动保护、高、低后备保护精度检查均正确。经 503 断路器绝缘电阻及耐压试验、3 号主变压器线圈绕组变形试验通过后，3 号主变压器具备送电条件。503 断路器故障后检查工作记录如图 15 所示。

图 14　503 开关柜内清洁

表 1　　**503 断路器相关测试结果**

测试项目	结果					
阻值测量	合闸：338.5Ω；分闸：190.9Ω					
最低动作电压测试	合闸：84V；分闸：83V					
机械特性测试	合闸时间			分闸时间		
	A 相 45.2ms	B 相 44ms	C 相 44.7	A 相 33.4ms	B 相 35.1ms	C 相 34ms
回路电阻测试	真空泡上下导电杆间			上下动支架铜排搭接处		
	A 相 13.8μΩ	B 相 14.5μΩ	C 相 15.7μΩ	A 相 21.8μΩ	B 相 17.6μΩ	C 相 17.6μΩ

变电站：	110kV NS站
工作班组：	变电检修四班
工作对象：	3号主变压器变低503断路器
工作日期：	2015-10-28
工作内容：	3号主变压器10kV侧503断路器故障后检查
存在问题：	对503断路器进行故障后检查时发现后柜门锁因故障造成损坏,无法进行闭锁,因无有备品更换,所以无法进行处理,待备品到货后结合停电计划进行消缺。
结论：	已完成3号主变压器10kV侧503断路器故障后检查工作。对503断路器进行线圈电阻测试，测得数据如下：合闸线圈电阻为：338.5Ω、低动作电压:84V、分闸线圈电阻为：190.9Ω，低动作电压：83V,对503断路器进行机构特性测试，测得数据如下：A相分闸时间：33.4ms、B相分闸时间：35.1ms、C相分闸时间：34ms、A相合闸时间:45.2ms、B相合闸时间：44ms。C相合闸时间:44.7ms、对503断路器进行回路电阻测试，测得数据如下：A相回路电阻为：13.8μΩ、B相回路电阻为：14.5μΩ、C相回路电阻为：15.7μΩ。所有测试数据都处于合格范围之内。对503断路器进行清扫，将故障地方进行清理，待试验班对503断路器进行耐压试验合格后，503断路器才可以投入运行。
工作负责人：	
值班负责人：	

图15　503断路器故障后检查工作记录

4　事故总结

（1）直接原因。503断路器上基座母排连接处紧固螺栓因力矩不足发热，导致传感器内部故障解体爆裂。

（2）间接原因。503断路器C相上部传感器解体爆裂，其碎片与变压器低压进线C相母排距离不足导致接地短路，产生高温粉尘使柜内绝缘劣化形成放电通道，从而引发三相短路故障。

（3）管理原因。

1）验收工作把关不严，未严格按作业指导书对每一个搭接面螺栓进行力矩检查及记录。

2）检修班组工作节奏被试验研究所临时增加的传感器加装工作干扰，对工作进度和工作质量造成一定影响。

3）温度在线监测装置系统不完善，未能将温度数据上传至巡维中心。

针对本次事件的发生，深入分析事件发生的经过，归纳事件发生的各方面原因，为防止再次发生类似事件，提出以下几点建议：

（1）更换新隔离开关后，检修人员按照作业指导书的要求对每一个搭接面螺栓进行力矩检查及记录，确保螺栓不会因力矩不足造成设备发热引发故障。

（2）值班人员要高度重视验收工作，要严把验收关，一次设备全部螺栓进行力矩检查合格后才进行投运工作。

（3）涉及多班组工作时，各部门要协调好工作进度和节奏，避免因一方工作延误而导致其他班组的工作时间缩短，进而影响工作的质量。

220kV 变电站主变压器通风电源故障处理分析

1 事故简介

2016 年 08 月 25 日 220kV HX 变电站站值班员在巡视过程中，发现主控室后台机光字告警，报文显示“3 号主变压器Ⅱ工作电源故障”“3 号主变压器第二路交流电源故障脱落”，后台机报文如图 1 所示，检查发现 10 时 56 分左右开始出现该报文，但监控后台机没有此报文。值班员检查该 3 号主变压器冷却系统设备运行情况，发现 3 号主变压器本体端子箱第二路交流电源空气开关 Q2 跳开，电源线有烧焦的痕迹（见图 2）。上报继保班组进行处理。经排查，发现第路电

自2016年08月25日00时00分00秒 至2016年08月25日23时59分59秒

保存 打印 打印预览

序号	发生时间▼	类别	对象名称	
1	2016-08-25 23:35:00::167	遥信变位	3号变压器滤油机运转	复归
2	2016-08-25 23:34:59::744	SOE	3号变压器滤油机运转	复归
3	2016-08-25 23:20:32::660	遥信变位	3号变压器滤油机运转	动作
4	2016-08-25 23:20:32::423	SOE	3号变压器滤油机运转	动作
5	2016-08-25 14:56:11::577	SOE	3号主变压器第二路交流电源故障脱落	动作
6	2016-08-25 14:56:11::239	遥信变位	3号主变压器第二路交流电源故障脱落	动作
7	2016-08-25 14:56:00::464	SOE	3号主变压器II 工作电源故障	动作
8	2016-08-25 14:55:59::974	遥信变位	3号主变压器II 工作电源故障	动作
9	2016-08-25 14:55:45::738	SOE	3号主变压器第二路交流电源故障脱落	复归
10	2016-08-25 14:55:45::427	遥信变位	3号主变压器第二路交流电源故障脱落	复归
11	2016-08-25 14:55:44::758	SOE	3号主变压器II 工作电源故障	复归
12	2016-08-25 14:55:44::333	遥信变位	3号主变压器II 工作电源故障	复归
13	2016-08-25 11:21:02::161	遥信变位	3号变压器滤油机运转	复归
14	2016-08-25 11:21:02::076	SOE	3号变压器滤油机运转	复归
15	2016-08-25 11:05:41::911	遥信变位	3号变压器滤油机运转	动作
16	2016-08-25 11:05:41::836	SOE	3号变压器滤油机运转	动作
17	2016-08-25 11:01:47::174	遥信变位	3号主变压器II 工作电源故障	动作
18	2016-08-25 11:01:47::085	SOE	3号主变压器II 工作电源故障	动作
19	2016-08-25 11:01:47::065	遥信变位	3号主变压器第二路交流电源故障脱落	动作
20	2016-08-25 11:01:47::009	SOE	3号主变压器第二路交流电源故障脱落	动作
21	2016-08-25 10:56:46::193	遥信变位	3号主变压器第二路交流电源故障脱落	复归
22	2016-08-25 10:56:46::092	SOE	3号主变压器第二路交流电源故障脱落	复归
23	2016-08-25 10:56:45::209	遥信变位	3号主变压器第二路交流电源故障脱落	动作
24	2016-08-25 10:56:45::100	遥信变位	3号主变压器第二路交流电源故障脱落	复归
25	2016-08-25 10:56:45::077	SOE	3号主变压器第二路交流电源故障脱落	动作
26	2016-08-25 10:56:44::939	SOE	3号主变压器第二路交流电源故障脱落	复归
27	2016-08-25 10:56:44::772	遥信变位	3号主变压器II 工作电源故障	复归
28	2016-08-25 10:56:44::636	SOE	3号主变压器II 工作电源故障	复归

图 1 3 号主变压器交流电源故障报文

源空气开关故障，更换空气开关及及辅助触点后恢复正常。

2 事故分析

变压器在运行中由于铜损、铁损的存在而发热，它的温升直接影响到变压器绝缘材料的寿命、负荷能力及使用年限。为保证变压器安全经济运行，变压器必须配备冷却系统进行冷却。目前随着无人值班变电站的普及，要求变压器冷却系统运行要有较高的可靠性，现场普遍采用大片散热片、大风机的油浸风冷却系统。

图 2　3 号主变压器第二路交流电源空气开关

220kV 变压器的冷却系统一般配备两路动力电源，分别接至站用电源Ⅰ段和Ⅱ段，一路为工作电源，一路为备用电源。两路电源通过主变压器冷却器控制箱内的自动转换开关或自动切换回路进行切换，正常时一路工作，一路备用；当工作电源失压后（如电缆烧断、线路断线等），冷却器工作电源将自动切换到备用电源。

从 HX 变电站 3 号主变压器冷却器电源回路图可知，3 号主变压器的冷却器配备两路电源，每一路电源均有一个电源相序继电器，当任一路电源缺相或电源故障，相序继电器将会失电，继电器动合触点断开，信号回路的动断触点闭合，就会发工作电源故障信号。当任一电源空气开关跳开，信号回路触点接通发信，报交流电源故障脱落。当两路电源同时消失的时候，两路交流电源继电器将同时失电，第一、二路交流电源监视时间继电器 KT4 失电，对应动断触点经延时合上，接通发信回路告警。

值班员根据“3 号主变压器Ⅱ工作电源故障”报文，到 3 号主变压器的冷却器控制箱检查情况。发现 3 号主变压器冷却器电源切换开关投电源Ⅱ，3 号主变压器第二路交流电源空气开关跳开，柜内有烧焦的味道。检查第一路交流电源空气开关正常，风扇在运行状态，由此判断故障电在第二路交流电源回路上。再仔细检查空气开关 Q2 状况，发现空气开关上方 C 相的进线电缆有烧焦的痕迹，初步怀疑空气开关 Q2 故障发热所致。由于当时是迎峰度夏期间，主变压器的负荷达到 80%，为防止另一路交流电源故障，导致主变压器冷却器全停，值班负责人把现场情况通知继保二班。继保二班对空气开关进行检查，空气开关 Q2 的 C 相辅助触点氧化烧黑，其余两相正常，导线近空气开关的一段绝缘因过热烧焦，其动作发信与现场情况一致，判定空气开关 C 相的辅助触点与电缆触点接触不良，导致发热烧伤电缆，继而空气开关保护动作跳开。由于没有备品，继保班等备品到货再进行处理，建议在处理之前加强对 3 号主变压器冷却系统的巡视，防止另一路电源失电，造成冷却系统全停。

3 事故处理

继保人员把故障的第二路电源空气开关 Q2 进行更换，确认 C 相交流电缆没有故障，并将损坏的 C 相交流电缆进行绝缘包裹处理（见图 3）。确认电缆绝缘合格后，合上第二路电源空气开关 Q2，光字牌信号复归，二次回路恢复正常。在第二路电源恢复正常供电后，进行主变压器冷却器电源切换检查，确认电源能正常运作冷却系统。

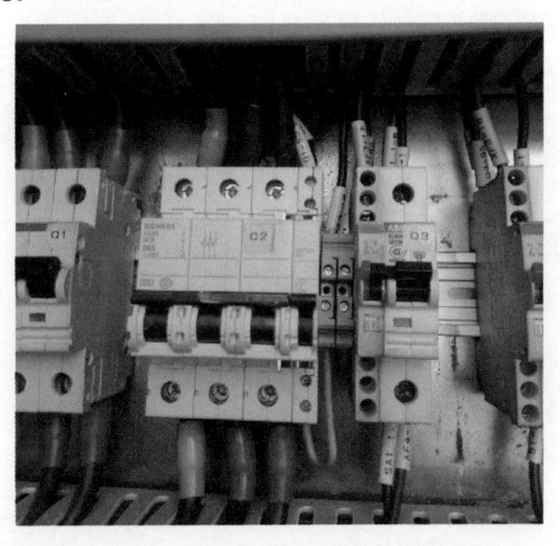

图 3　更换空气开关及绝缘包裹

4 事故总结

（1）加强对主变压器冷却系统的巡视。由于实行无人值班，变电站的信号监控由监控中心负责，但现场后台机的信号不是所有都上传到监控系统，存在监控的盲区，这就要靠巡视来弥补这方面的不足，特别是迎峰度夏期间。

（2）接入运行信号灯。HX 变电站的主变压器冷却系统控制箱内没有工作指示灯，巡视人员无法在现场获知冷却系统的运行状态。接入运行信号灯后，值班员可及时发现冷却系统是否存在故障。

（3）定期开展技术培训。让每位值班人员都能掌握相关的技术技能，熟悉冷却系统回路原理。

主变压器冲击试验过程中励磁涌流过大跳闸处理分析

1　事故简介

2012年05月31日，110kV HD变电站3号主变压器投产，按照启动方案的要求，对主变压器进行五次充电。充电前，HD变电站投入3号主变压器全部保护，退出3号主变压器高、低压侧复压过流保护的方向及复压闭锁元件，将3号主变压器高压侧复压过流保护跳两侧断路器动作时间改为0.2s，低压侧复压过流保护跳本侧断路器动作时间改为0.2s，但当闭合主变压器高压侧101断路器在对主变压器进行第一次充电时，101断路器合闸后立即跳闸。查看保护装置及保信系统信息，发现保护装置显示主变压器复压过流Ⅰ段动作，如图1所示。保护信息系统报文显示3号主变压器高压后备保护复压过流Ⅰ段动作，如图2所示，再根据故障录波图分析判断，波形偏向时间轴一侧，且随时间推移逐渐减少，如图3所示，确认为3号主变压器励磁涌流值过大导致主变压器保护动作。确定由于涌流问题导致主变压器跳闸后，再尝试对主变进行第二次充电，不过仍然失败。

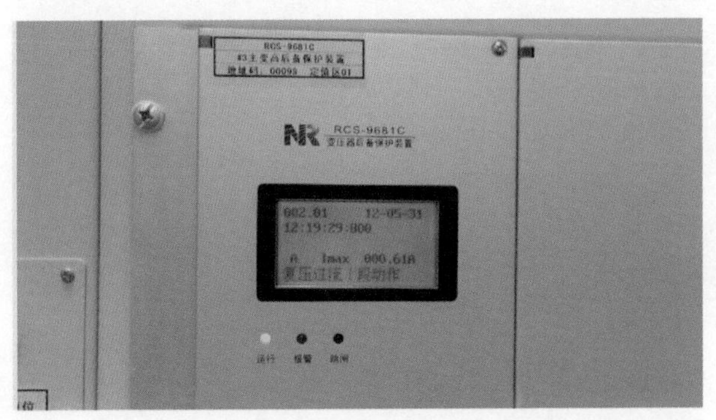

图1　110kV HD变电站3号主变压器保护装置动作报告

2012-05-31 12:19:29 MS: 579	东莞110kV怀德支	[3号变压器高测控]103开关状态
2012-05-31 12:19:29 MS: 579	东莞110kV怀德支	[3号变压器高测控]103开关合位(1YX33)
2012-05-31 12:19:29 MS: 581	东莞110kV怀德支	[3号变压器高测控]高压侧控制回路断线(1YX32)
2012-05-31 12:19:29 MS: 582	东莞110kV怀德支	[3号变压器非电量保护RCS9661]断路器位置1
2012-05-31 12:19:29 MS: 592	东莞110kV怀德支	[3号变压器差动保护RCS9671C]整组起动
2012-05-31 12:19:29 MS: 594	东莞110kV怀德支	[3号变压器差动保护RCS9671C]起动CPU起动
2012-05-31 12:19:29 MS: 597	东莞110kV怀德支	[3号变压器高后备保护RCS9681C]整组起动
2012-05-31 12:19:29 MS: 700	东莞110kV怀德支	[3号变压器高后备保护RCS9681C]闭锁调压
2012-05-31 12:19:29 MS: 800	东莞110kV怀德支	[3号变压器高后备保护RCS9681C]复压过流I段动作
2012-05-31 12:19:29 MS: 800	东莞110kV怀德支	[3号变压器高后备保护RCS9681C]故障相
2012-05-31 12:19:29 MS: 801	东莞110kV怀德支	[3号变压器高后备保护RCS9681C]跳闸保持信号
2012-05-31 12:19:29 MS: 804	东莞110kV怀德支	[3号变压器高测控]高后备保护装置跳闸(1YX29)
2012-05-31 12:19:29 MS: 811	东莞110kV怀德支	[3号变压器非电量保护RCS9661]断路器位置1

图 2　110kV HD 变电站 3 号主变压器保护故障信息系统报文

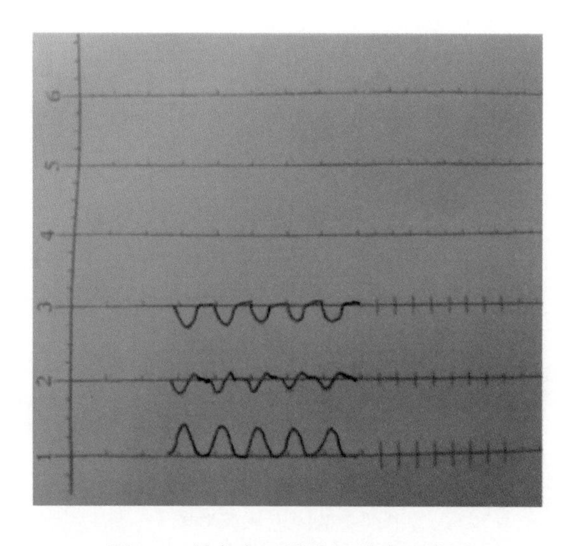

图 3　3 号主变压器跳闸故障录波图

2　事故分析

2.1　主变压器励磁涌流与故障电流的判别

主变压器励磁涌流为顶尖波，其中含有相当成分的非周期分量和高次谐波分量。高次谐波中以二次谐波为主，二次谐波分量的比例十分显著。而且随着时间的推移，其所占比例反而有所增加，且至少有一相二次谐波分量很大，并且最初几个周期内可能完全偏于时间轴的一侧。如图 4 所示。

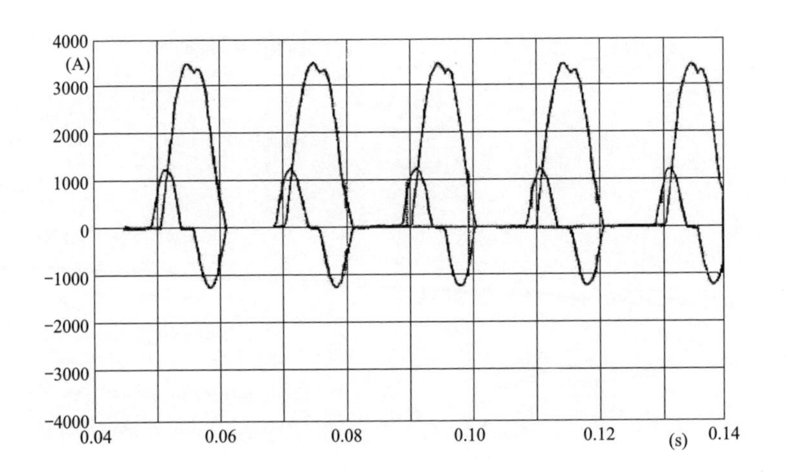

图 4 主变压器励磁涌流波形图

相对于励磁涌流，故障电流含有较少的非周期分量、二次谐波、高次谐波分量。而且故障电流的幅值衰减不受变压器容量的限制，不受铁芯饱和程度的限制。故障电流的波形接近正弦波，如图 5 所示。

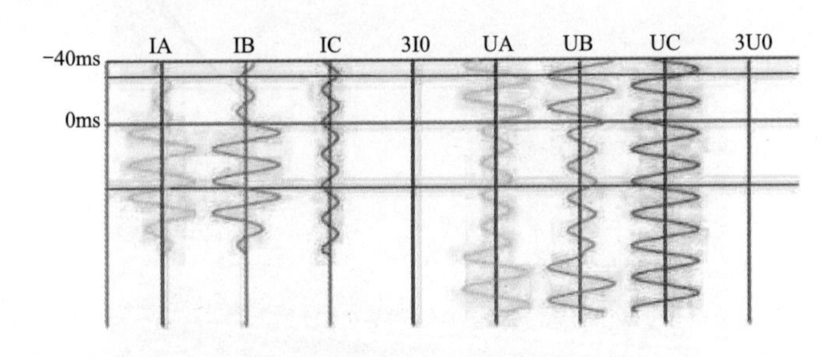

图 5 故障电流波形图

2.2 主变压器励磁涌流的特点

（1）涌流含有数值很大的高次谐波分量，主要是二次和三次谐波，因此，励磁涌流的变化曲线为尖顶波，如图 6 所示。

（2）励磁涌流的衰减常数与铁芯的饱和程度有关，饱和越深，电抗越小，衰减越快。因此，在开始瞬间衰减很快，以后逐渐减慢，经 0.5～1s 后其值不超过 (0.25～0.5)I_n。

（3）一般情况下，变压器容量越大，衰减的持续时间越长，但总的趋势是涌流的衰减速度往往比短路电流衰减慢一些。

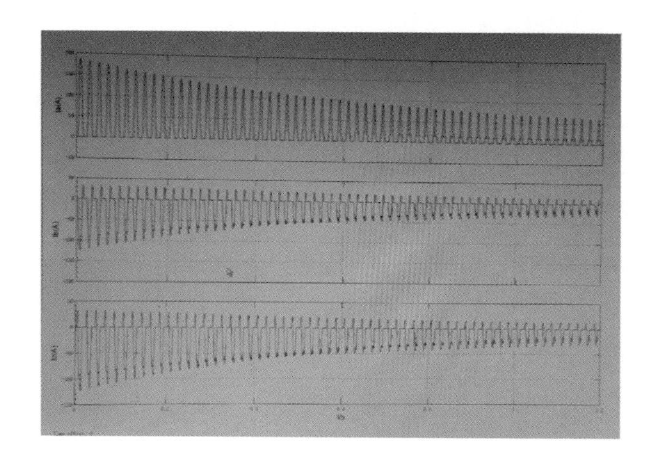

图 6　主变压器励磁涌流变化曲线图

（4）励磁涌流的数值很大，最大可达额定电流的 8～10 倍。当整定一台断路器控制一台变压器时，其速断可按变压器励磁电流来整定。

2.3　主变压器励磁涌流的防范措施

（1）控制三相断路器合闸时间削弱励磁涌流。变压器磁通在合闸电压角为 0°时，磁通为最大值，此时励磁涌流也达到最大值。在合闸电压角为 90°时（即电压峰值），磁通最小，励磁电流也最小，一般不超过额定电流的 2%～10%。因此，可在合闸角为 90°（即电压峰值）时合闸，来削弱励磁涌流。经仿真计算可知，合闸时间分散度在 0.5ms 的情况下，励磁涌流的幅值与三相随机合闸相比，减少 94.4%。

（2）修改保护整定值躲开励磁涌流。根据励磁涌流的特点，一开始电流是非常大的，但随着时间的推移，电流值会逐渐减少的，在原来方案设定的保护动作时间内，可能未能躲过励磁涌流，将 3 号主变压器高压侧复压过流保护跳两侧断路器动作时间由原来的 0.2s 改为 0.5s，低压侧复压过流保护跳本侧断路器动作时间由原来的 0.2s 改为 0.5s，以躲开主变压器的励磁涌流值，这种方法是平时用得最多的方法。

（3）串联合闸电阻。变压器合闸瞬间，因为反电势还没有建立（有一个建立的过程，大约需要几周波），所以瞬时电压几乎是加在一些铜导线绕组上，很小的导线电阻会导致非常大的涌流。这个涌流一般可能达到变压器额定电流的 6～

8倍甚至更高，这种情况，可以用串联合闸电阻来限制这个合闸涌流。合闸完成后，再将电阻短接，使变压器投入正常运行。串入的电阻，可以从保证变压器接入时，不超过额定电流的角度考虑。比如，接入电压是 U_n，变压器额定电流是 I_n，则可以选择的电阻值就是 $R=U_n/(\sqrt{3}\times I_n)$。因为串联电阻是短时运行的，所以，电阻的功率可以按照下式选择：$P_r=U_n\times U_n/R/100$。

3　事故处理

在这次 110kV HD 变电站 3 号主变压器启动过程中，当 3 号主变压器两次充电失败之后，根据现场打印出来的故障录波图，判断把保护动作时间改到 0.5s 应该可以躲过励磁涌流（0.5s 是根据波形估算出来最接近躲开励磁涌流的时间，如果时间太长保护就失去作用），经过启动委员会的讨论决定，先尝试将 3 号主变压器高压侧复压过流保护跳两侧断路器动作时间由原来的 0.2s 改为 0.5s，低压侧复压过流保护跳本侧断路器动作时间由原来的 0.2s 改为 0.5s，看能否充电成功，如果不成功，再考虑把保护动作时间改大。当将时间改为 0.5s 后再对主变压器充电，成功躲开了主变压器励磁涌流，最终使主变压器充电成功，顺利完成这次启动。

4　事故总结

借助 110kV HD 变电站一次励磁涌流引起空投变压器电压失败的典型例子，提醒运行人员当变压器空载投入或外部故障切除后的电压恢复过程中产生的励磁涌流，将极大威胁着继电保护装置的可靠性。在对主变压器充电过程中如果励磁涌流过大，会使主变压器后备保护动作，不能完成对主变压器的冲击试验。通过介绍励磁涌流与故障电流的识别，能更快、更准确地区分这两种电流，使值班员可以更快地处理。

500kV 变电站主变压器风机交流电源故障异常处理分析

1 事故简介

2016 年 02 月，500kV SH 变电站值班员在值班监控时，发现监控系统发出 4 号主变压器 A 相风机交流电源故障告警。监控系统光字牌有：4 号主变压器 A 相风机交流电源故障，如图 1 所示。

图 1 A 相风机交流电源故障

2 事故分析

4 号主变压器 A 相风机交流电源故障可从以下几方面考虑：

(1) 并联在三相交流电源上的相序继电器 KJ 内部有故障（见图 2），造成相序继电器 KJ 失磁，使冷却风机交流电源故障回路上相序继电器的动断触点 KJ 闭合，冷却风机交流电源故障回路导通，故障灯 HL2 亮，中间继电器 KII 通电励磁，中间继电器动合触点 K11 闭上，通向后台监控机的信号回路导通，发告警和光子牌亮（见图 3）。

（2）4 号主变压器 A 相风机三相交流电源电压可能略低于相序继电器的整定值，导致相序继电器不能正常动作，使冷却风机交流电源故障回路导通。

（3）4 号主变压器 A 相冷却风机电源总控制柜空气开关可能断开，导致却冷风机电源故障回路动作，报 4 号主变压器 A 相冷却风机电源故障信号。

（4）4 号主变压器 A 相冷却风机电源总控制柜进线电缆可能绝缘老化，导致相间短路，电源空气开关跳闸。

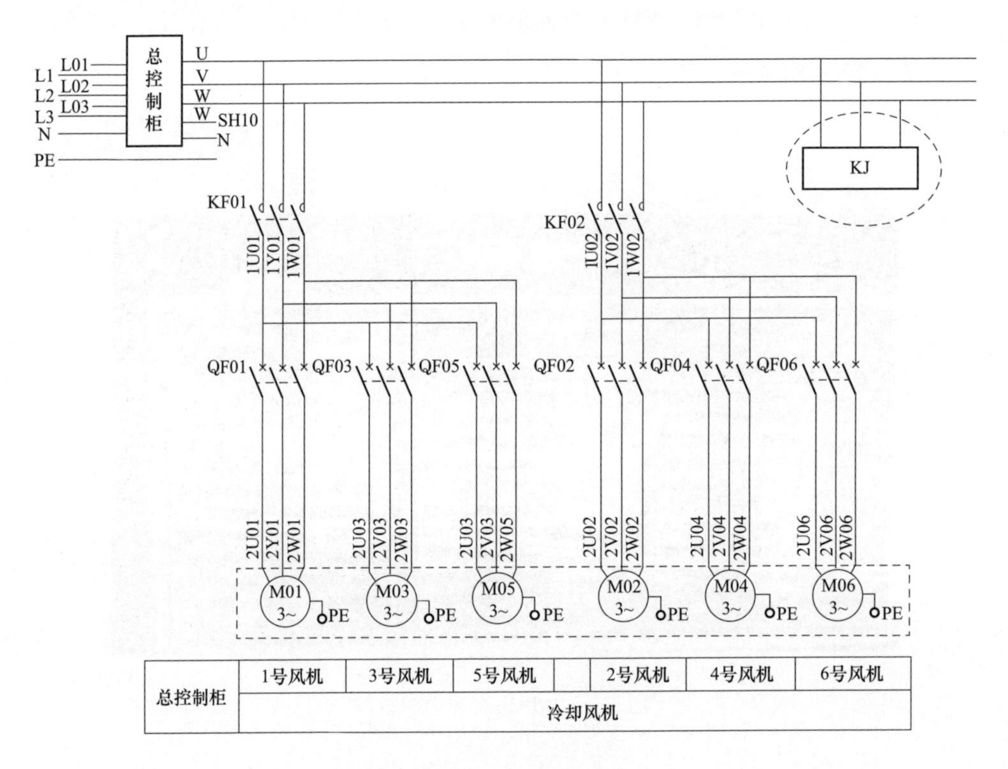

图 2　主变压器控制回路图

从图 2 可看出相序继电器 KJ 并联接在交流电源上监测三相电源情况，后台监控机显示的 4 号主变压器 A 相风机电源故障光字牌亮是通过相序继电器 KJ 监测到的，所以首先检查总控制柜的空气开关是否断开，然后检查冷却器 A 相控制柜里面各继电器的情况。

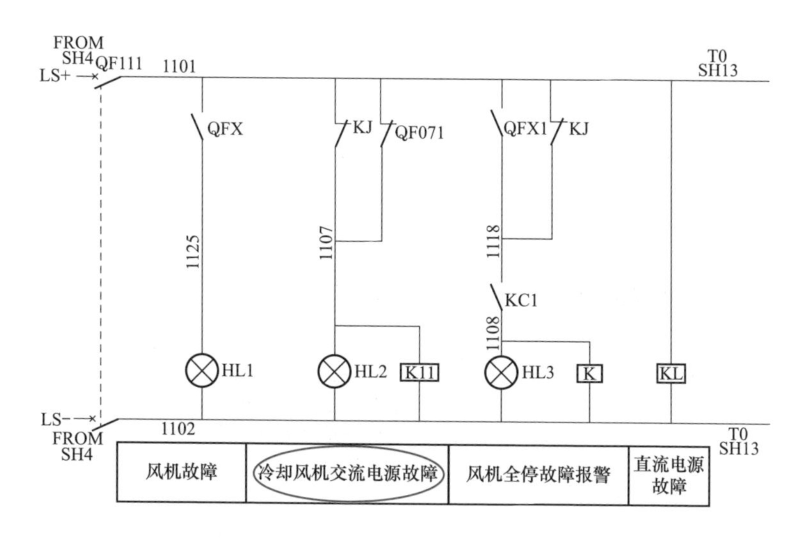

图 3　主变压器信号回路图

3　事故处理

（1）根据后台监控机发出的信号，立即到主变压器场地检查主变压器风机是否停止运转，检查 4 号主变压器主控箱里面的空气开关是否断开，故障电源亮灯情况如图 4 所示。

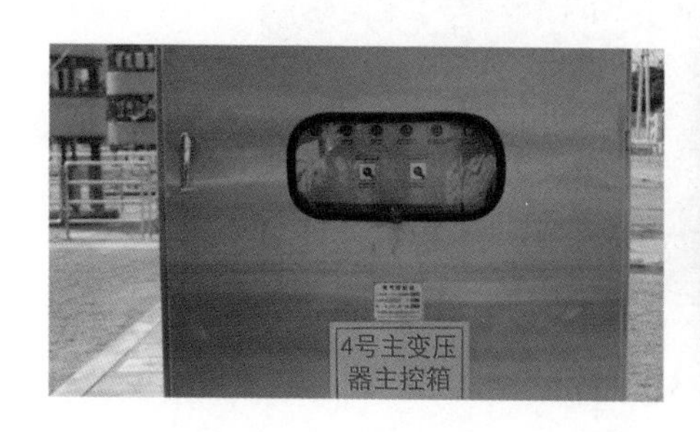

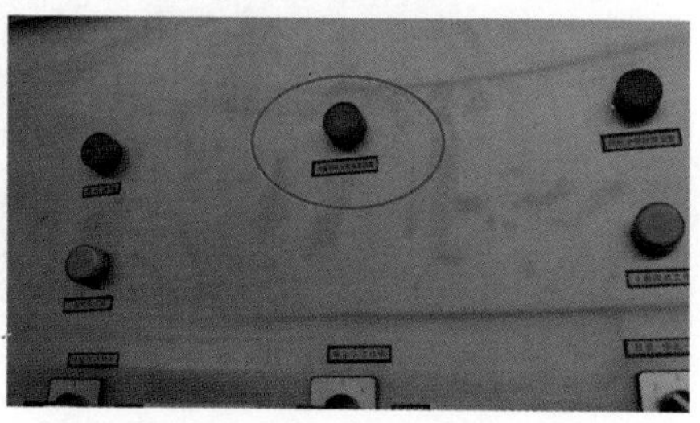

图 4　主变压器主控箱信号指示灯

（2）现场经过检查发现，4 号主变压器主控箱里电源的空气开关在闭合位置，主变压器风机运转正常，那么可以确定风机电源正常。查看二次图纸后可以发现监测电源的相序继电器动作，使风机电源故障回路导通发出信号和光字牌亮。经万用表测量 KJ 相序继电器的三相之间的电压正常，所以能排除是交流电源的电压不稳定造成风机电源故障信号。

（3）打开4号主变压器A相冷却器控制箱发现KJ继电器的异常红灯亮（见图5），而其他相KJ继电器正常绿灯亮。基本可以确定是由于监测电源回路的KJ继电器内部故障造成KJ继电器误动作，使电源故障回路发出信号告警。

其他相正常状态下相序继电器KJ的指示灯是这样的（见图6）。

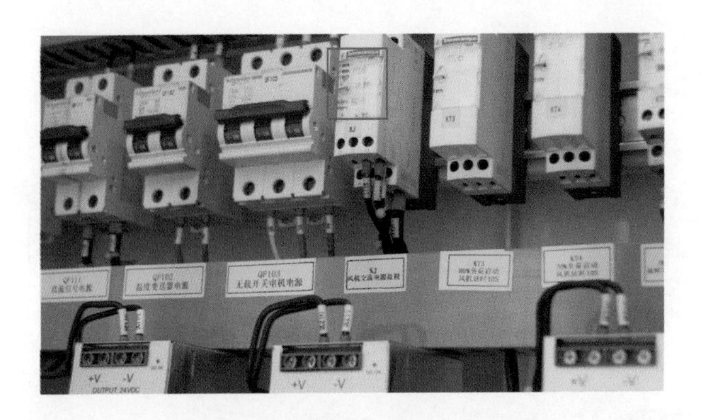

图5　主变压器A相冷却器控制箱KJ继电器异常红灯亮

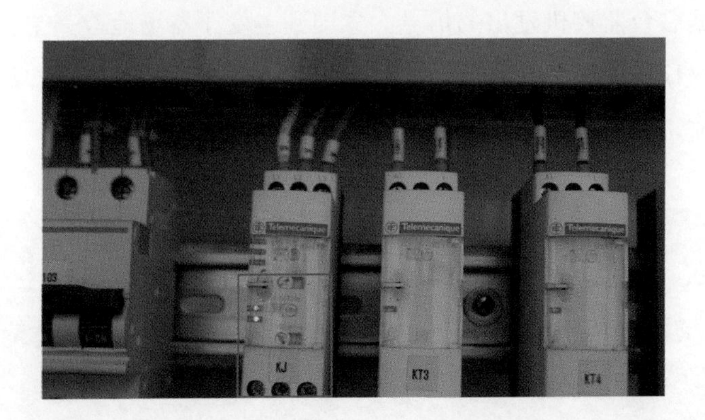

图6　其他相主变压器正常状态下相序继电器KJ指示灯

（4）立即报缺陷，通知继电保护班对3号主变压器A相风机电源监测电源的相序继电器KJ进行更换。

（5）处理过程中密切注意主变压器的油温、高压绕组、温度、公共绕组温度以及负荷情况。

（6）临时措施：①每值班定期到现场检查主变压器风机是否运转正常；②定期检查油温以及负荷情况；③每值班定期检查后台光子牌信号是否正常，有无其他异常信号光字。

4 事故总结

该故障表现为在监控系统发出主变压器风机交流电源故障告警的信号及光子牌，主变压器保护屏的冷却器电源故障的灯亮，现场检查相应主变压器的冷却器控制柜的冷却风机交流电源故障灯亮。

当在后台监控机上发现4号主变压器A相风机交流电源故障信号。作为值班人员遇到这样的情况应该第一时间进行下列检查诊断：

（1）检查该主变压器冷却系统的运行情况、油温以及负荷情况。

（2）检查主变压器的备用冷却器电源切换是否正常，冷却器是否正常投入。

（3）如果电源切换失败，应手动切换冷却器电源，如果切换失败，而主变压器油温较高，应向调度申请减负荷，并立即通知班组处理。

（4）检查冷却器电源故障时应先检查相关空气开关是否闭合，测量电源电压是否正常，从容易检查的项目入手；用万用表测量注意档位的选择，防止造成直流接地或短路，查找电机电源回路时防止造成低压触电。

根据以往运行经验，冷却系统故障大多数是因为风机过热或者存在短路，但这次风机电源故障，现场检查发现风机并没有停止运转，而是继电器本身故障导致误发出信号，故在处理过程中可从多方面检查和分析。

主变压器非计划停运
—— 事故分析 ——

1　事故简介

2015年08月18日02时30分05秒，集控中心后台监控显示“2号主变压器差动保护动作”信号。值班员检查一、二次设备及记录有关信号、打印保护动作报告、故障录波报告，并到2号主变压器场地，220kV、110kV和10kV场地，经检查2号主变压器压力释放阀动作并向外喷油，2号变压器5020甲隔离开关小车柜炸裂，主变压器变低B相套管有裂纹并出现漏油，其余一次设备运行正常。经地调下令220kV变电站闭合10kV母联550断路器，恢复10kV 2M母线，10kV 3甲M母线供电，供电正常。

2　事故分析

(1) 事发前的设备运行方式。事发前设备运行方式如图1所示。

220kV：1M、2M母线联母联2012断路器并列运行；

110kV：1M、2M母线经母联100并列运行；

10kV：2号主变压器变低502断路器供10kV 2M母线经550断路器带10kV 3甲M母线，522断路器运行中（退出3号接地系统）；3号主变压器变低503乙断路器供10kV 3乙M母线，经590开关带10kV 1M母线；4号主变压器运行中，1号主变压器本体停电检修状态。

(2) 事故发生后检查。故障发生后，检修人员对2号主变压器本体及三侧断路器设备进行外观检查，试验人员对2号主变压器本体设备开展相关检查，主要情况如下：

1) 2号主变压器本体检查。2号主变压器变低10kV套管B相套管绝缘子损坏，顶部伞裙破裂，如图 2 所示。

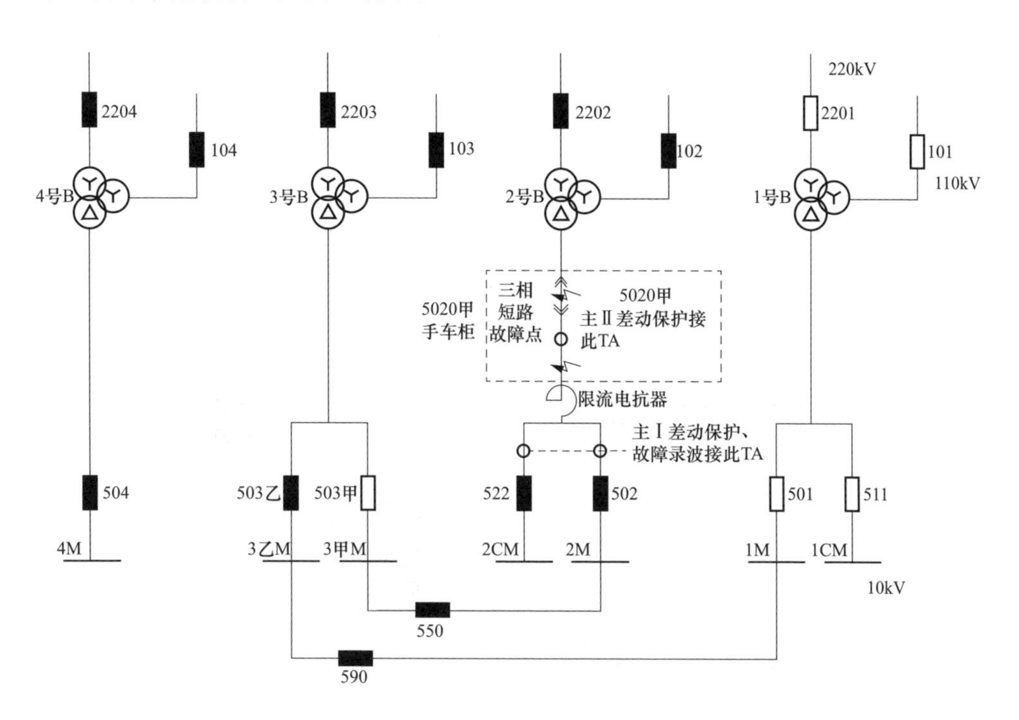

图 1　事发前设备运行方式图

图 2　10kV 套管 B 相套管绝缘子损坏

现场检查两个压力释放阀动作，由于变低套管受电动力损坏漏油，检查本体油位表指示为 0，本体气体继电器处充满油，可初步判断主变压器本体油位在气体继电器以上储油柜底部以下。（1、2 号压力释放阀的开启值为 70kPa、关闭值为 37.5kPa）压力释放阀情况如图 3 所示。

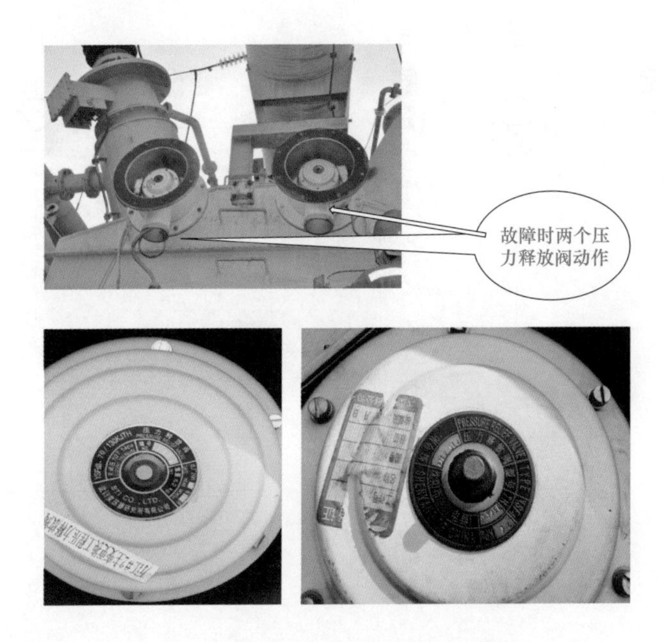

图 3　压力释放阀动作情况及铭牌

检查 2 号主变压器本体及有载开关气体继电器：检查主变压器变高套管、变中套管及引线，未发现绝缘子破裂迹象，引线未见破损。储油柜油位正确，外观未见异常，气体继电器未见异常（无气体）。检查 2 号主变压器本体及有载开关气体继电器均未动作。

2）2 号主变压器 220、110kV 侧设备检查。故障发生后，WJ 集控中心运行人员及检修人员立即对 2 号主变压器本体及 220、110kV 侧设备进行检查，无明显异常。

3）2 号主变压器 10kV 侧设备检查。经现场检查，502、522 开关柜、5220、5020 乙开关柜无异常、电抗室设备检查无异常。5020 甲隔离开关柜检查：5020 甲隔离开关柜前后柜门炸开，柜内母排烧伤熏黑，隔离开关静触头触头盒烧黑，但触头盒内部有碳化烧伤，触头烧蚀严重，其中 A 相下触头触头盒已破裂，现场情况如图 4～图 7 所示。

图 4　开关柜正面、侧面、背面

图 5　隔离开关静触头故障情况

（a）隔离开关下静触头触头盒（背面）；（b）A 相下静触头盒烧毁

对 5020 甲隔离开关手车检查，发现隔离开关手车整体已被熏黑，A 相下触点铜片压紧弹簧已烧融脱落，压紧弹簧散落在手车底部，电臂绝缘涂料起大量气泡。检查其他 5 个动触点只是熏黑，压紧弹簧处于禁锢状态，无明显的变形，其情况如图 8～图 10 所示。

图 6　柜内母线及 TA 被熏黑

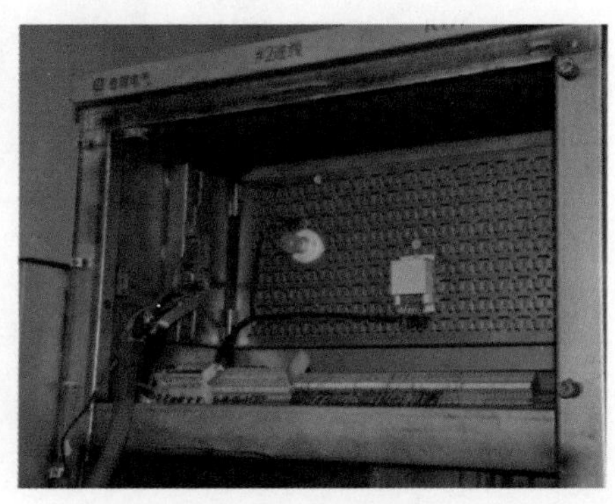

图 7　仪表室被熏黑

图 8　隔离开关手车整体已熏黑

图 9　隔离开关 A 相下动触头触指已烧脱落

（3）事故原因分析。根据以上检查情况，判断造成 5020 甲隔离开关手车故障的原因为：故障前 A 相下触点发热严重。根据故障后 5020 甲隔离开关 A 相下触点损坏情况，可初步判断 A 相下触点因接触不良而存在发热情况，由于 KYN 柜内的空间紧凑，散热能力较差，导致触点长期发热和进一步氧化，触点温度高造成弹簧变形，造成接触压力进一步下降，导致接触电阻增大，触点发热逐渐恶化。由于柜体为金属铠装且无专用测温窗，发热点与外部存在多重金属阻隔，日常测温仅能通过柜体温度间接判断内部温升，但此间接方式不易判断柜内导体发热。

图 10　A 相下触点铜片压紧弹簧脱落后散落在手车底部

本次故障原因是：5020 甲隔离开关 A 相下动静点接触不良，发热进一步恶化使触点金属气化，金属气体导致三相相间空气绝缘性能降低，进而发展为三相短路故障，柜内空气因高温急速上升而迅速膨胀及短路电流产生的电动力造成 5020 甲隔离开关柜损坏。

另外，5020 甲隔离开关手车柜的额定电流为 4000A，故障前 24h 该手车柜运行最高电流约为 2473A，故障时运行电流为 1550A，只有额定电流的 38.75%。根据运行近期的测温情况，运行电流均大于此次故障前的运行电流，但柜体的最高温度仅为 33.5℃，推测此次故障主要原因是隔离开关手车柜触点质量问题引起。

（4）一次系统故障分析。根据 2 号主变压器故障录波分析（取主变压器各侧断路器 TA），02 时 30 分 06 秒 539 毫秒，220kV 侧断路器 TA 电流三相同时突变上升至 528A，电压变化不大（见图 11）；110kV 侧断路器 TA 电流三相同时突变上升至 5100A，电压下降至 73kV（见图 12）；10kV 2M 侧 TA 电流三相变化不大，10kV 2M、3 甲 M 母线电压三相突变下降至约 1kV（见图 13）。02 时 30 分 06 秒 539 毫秒，2 号主变压器差动保护 B 跳闸；02 时 30 分 06 秒 540 毫秒，2 号主变压器差动保护 A 跳闸；02 时 30 分 06 秒 579 毫秒，2202 断路器分闸到位；02 时 30 分 06 秒 585 毫秒，502、522 断路器分闸到位；02 时 30 分 06 秒 586 毫秒，102 断路器分闸到位（见图 13）。02 时 30 分 06 秒 615 毫秒，2 号主变压器

220kV 侧、110kV 侧电压恢复正常，10kV 侧 2M、3 甲 M 母线电压消失，2 号主变压器各侧故障电流消失。220kV 侧三相故障二次电流约 2.2A，折算一次约 528A，故障电流流向主变压器；110kV 侧三相故障二次电流约 25.5A，折算一次约 5100A，故障电流流向主变压器；220、110kV 故障电流方向基本一致，折算叠加至 10kV 侧估算故障电流约 66660A（有效值，忽略 220kV 侧与 110kV 侧故障电流相角误差），故障持续时间约 64ms。

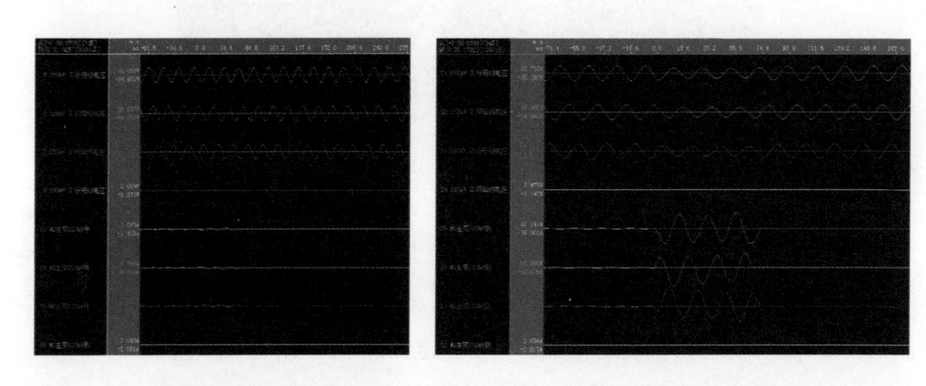

图 11　2 号主变压器 220kV 侧电压、电流故障录波波形

图 12　2 号主变压器 110kV 侧电压、电流故障录波波形

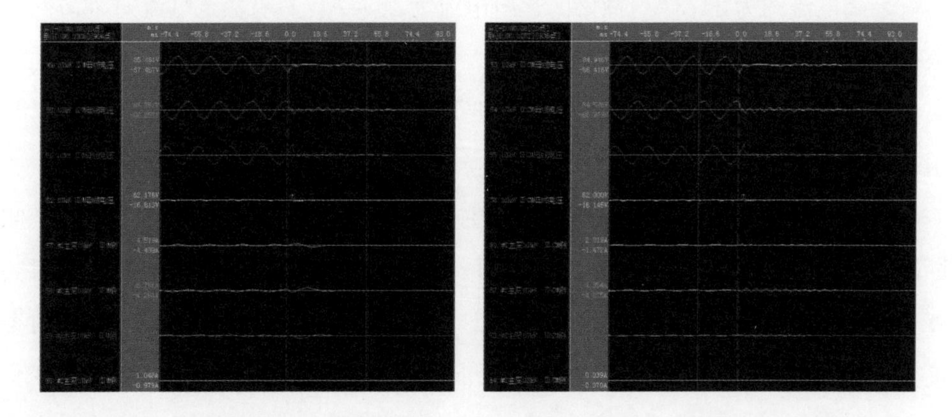

图 13　2 号主变压器 10kV 侧 2M 及 2CM 分支电压、电流故障录波波形

3　事故处理

故障后，检修专业立即组织人员进行设备恢复工作，具体如下：

（1）更换2号主变压器10kV侧B相变低套管、补充油至合格油位，检查压力释放阀功能进行检查无异常并复归，检查主变压器本体及有载气体继电器功能无异常。

（2）取消5020甲隔离开关柜内隔离开关，采用母排直通方式的代替现隔离开关小车电气连接功能，同时更换了5020甲TA及损坏的柜板，并重新进行了二次布线，进行TA相关试验和耐压试验合格。

（3）对2号主变压器及变低相关设备进行试验检查，试验结果合格，于2015年08月19日14时投运。

4 事故总结

（1）提高设备部件的检验手段，防止劣质产品进入电网，针对同类型设备结合停电进行专项检查，对存在问题的进行修理或更换。

（2）配合省公司电科院对开关柜在线测温技术现状进行专题研究，提出在线测温技术应用建议，并配合编制相关技术规范。

（3）推进大电流开关柜在线测温或测温窗口改造。计划用三年时间，完成大电流开关柜加装在线测温或测温窗口改造，实现运行中对触点运行温度的监测，提高大电流开关柜运行可靠性。

（4）对于运行方式调整等原因导致负荷增加的设备，制定运行方式变化后的巡视及测温表单。

馈线相继故障引起主变压器越级跳闸事故分析

1　事故简介

2016年06月04日13时35分，监控电话通知运行人员，110kV某站10kV 1段母线失压，10kV F5某某线、F7某某线、F8某某线断路器跳闸，重合成功，要求到现场检查情况；运行人员到达现场，检查发现10kV F5某某线、F7某某线、F8某某线线路于13时33分"过流Ⅱ段"保护动作断路器跳闸，重合闸动作重合成功，1号主变压器低后备"限时速断"保护动作501断路器跳闸（闭锁备用电源自动投入装置），致使10kV 1段母线失压，随后运行人员将检查情况汇报地调；运行人员检查10kV Ⅰ段母线及10kV馈线出线的一、二次设备未发现有异常现象，14时49分，监控闭合501断路器，恢复10kV 1段母线运行。

2　事故分析

110kV该变电站系统一次接线图如图1所示。正常运行方式下1号主变压器带10kV 1M母线，2号主变压器带10kV 2甲M和2乙M母线，3号主变压器带10kV 3M母线，10kV分段500断路器及10kV分段550断路器在分闸位置。10kV F5某某线、F7某某线、F8某某线接于10kV 1M母线上。

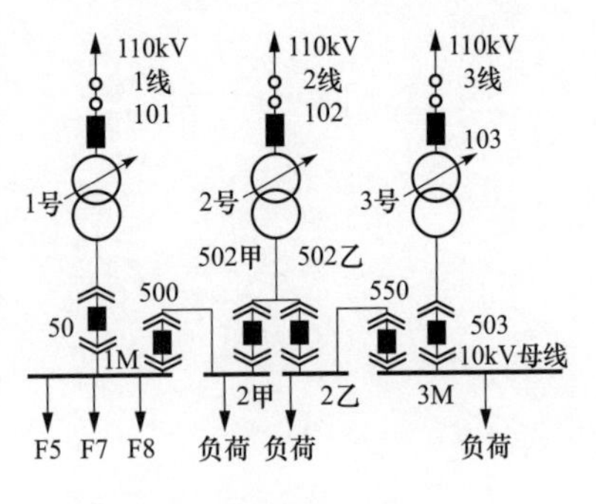

图1　110kV该变电站一次系统接线图

该变电站10kV馈线配置有过流Ⅱ段、过流Ⅲ段保护，Ⅰ段保护退出。其中过流Ⅱ段电流定值为5A，动作时间0.3s；过流Ⅲ段过流段电流定值为1.2A，动作时间0.7s；重合闸时间1s；主变压器配置有主保护和后备保护，主保护包括差动保护和气体保护，除了主保护外，变压器还安装有相间短路和接地短路的后备保护。变压器的相间短路后备保护采用过电流保护。作为变压器低后备保护，如果母线或线路故障，在后备保护动作延时内，故障若消失，后备保护返回到正常工作状态；若故障仍存在，则动作于跳闸，将变压器从电网中切除。主变压器低压后备保护限时速断电流定值 3.33A（一次 9990A），Ⅰ段动作时间 0.5s，跳 10kV 断路器闭锁备用电源自动投入装置；Ⅱ段动作时间 32s（定值单要求整定为最大值）。

现场检查分析情况如下：2016 年 06 月 04 日 13 时 33 分 11 秒 72 毫秒，10kV F5 某某线 705 断路器保护装置启动，过流Ⅱ段保护于 13 时 33 分 11 秒 389 毫秒动作，动作电流 5.274A（一次电流 3164A），保护装置断开 705 断路器；13 时 33 分 12 秒 449 毫秒，重合闸动作，705 断路器重合成功（见图 2）。

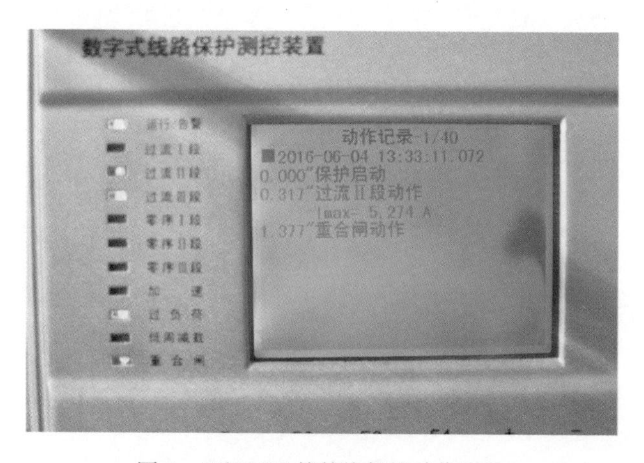

图 2　10kV F5 某某线保护动作记录

13 时 33 分 11 秒 85 毫秒，10kV F7 某某线 707 断路器保护装置启动，过流Ⅱ段保护于 13 时 33 分 11 秒 500 毫秒动作，动作电流 10.6A（一次电流 6360A），保护装置断开 707 断路器；13 时 33 分 12 秒 564 毫秒，重合闸动作，707 断路器重合成功（见图 3）。

13 时 33 分 11 秒 299 毫秒，10kV F8 某某线 708 断路器保护装置启动，过流Ⅱ段保护于 13 时 33 分 11 秒 615 毫秒动作，动作电流 18.67A（一次电流 11202A），保护装置跳开 708 开关；13 时 33 分 12 秒 668 毫秒，重合闸动作，708 断路器重合成功（见图 4）。

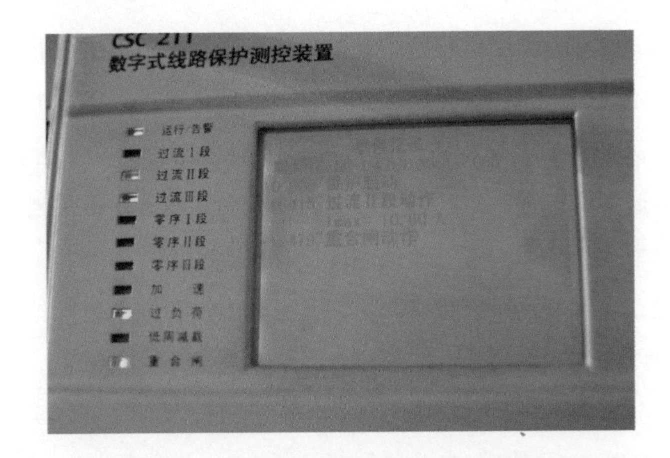

图 3　10kV F7 某某线保护动作记录

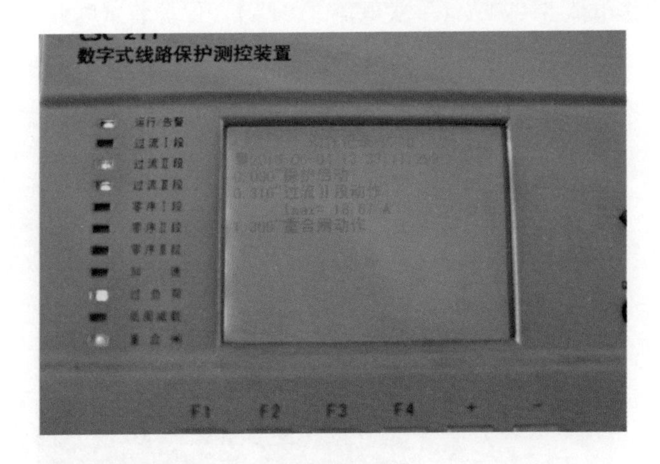

图 4　10kV F8 某某线保护动作记录

13 时 33 分 11 秒 67 毫秒，1 号主变压器 10kV 侧 501 断路器低后备保护装置启动，限时速断保护Ⅰ段于 13 时 33 分 11 秒 593 毫秒动作，动作电流 3.819A（一次电流 11457A），保护装置断开 501 断路器，造成 10kV Ⅰ段母线失压（见图 5）。

动作过程见保护时序图如图 6 所示。

对 1 号主变压器 10kV 侧变低 501 断路器后备保护、10kV F5、F7、F8 馈线保护的动作信息进行分析：首先是 10kV F5 馈线发生短路故障，后发展为 F5、F7、F8 相继故障，501 断路器保护感受到的故障电流持续 526ms，达到了 1 号主变压器变低 501 后备保护限时速断保护（3.33A，0.5s）定值，导致 1 号变压器变低 501 断路器跳闸。

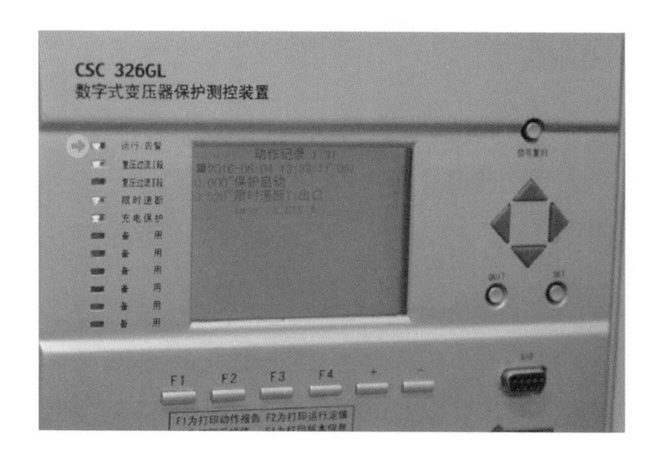

图 5　主变压器保护动作记录

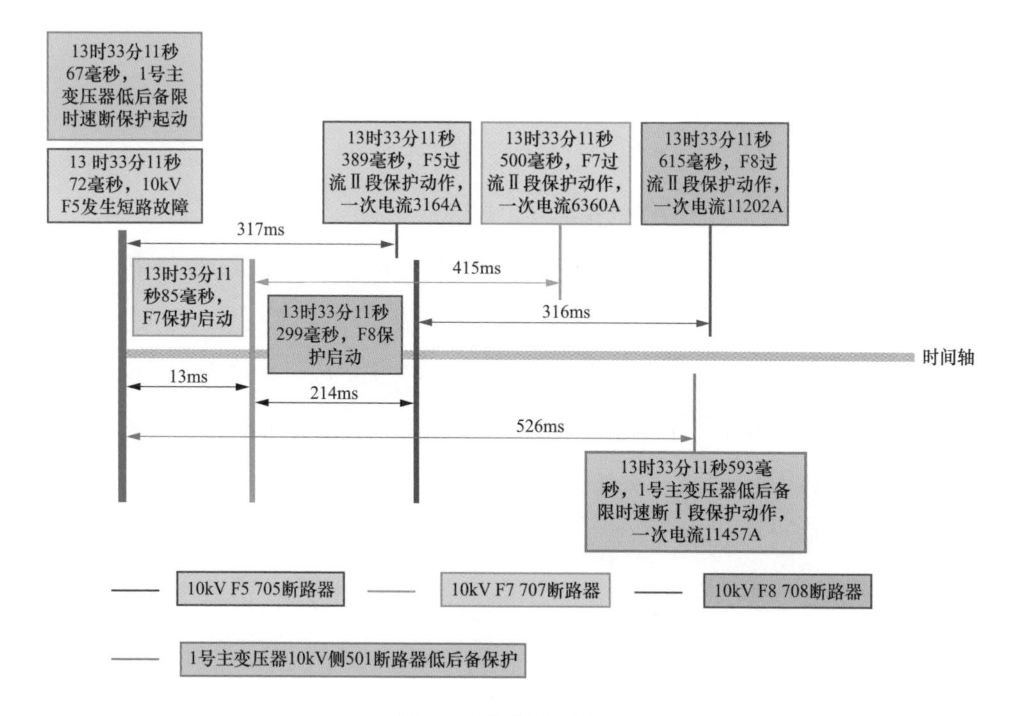

图 6　事故保护时序图

由于该站没有安装故障录波装置，但通过检查相关 110kV 线路故障录波记录，110kV 某某线的故障电流约存在 577ms（见图 7），110kV 某站的 1 号主变压器 10kV 侧 501 断路器低后备保护时间为 526ms，两者相差 51ms，可以判断 1 号主变压器变低后备正确动作。

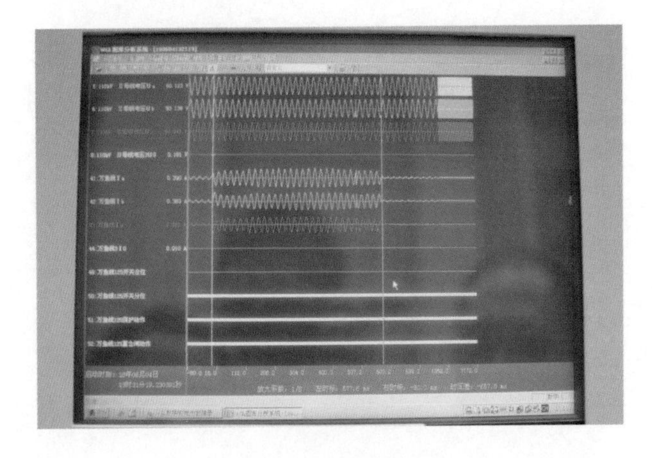

图 7　系统故障录波图

3　事故处理

综上所述，10kV F5、F7、F8 馈线线路同杆架设，因此当杆塔和线路发生故障时，容易导致同杆塔的馈线相继发生故障。

本次事故的起因正是由于多条 10kV 馈线发生瞬时性短路故障，但因为是在同一时间相继发生了 10kV F5 某某线、F7 某某线、F8 某某线瞬时性短路故障，时间连续导致故障总持续时间达到主变压器低后备保护限时速断动作时间。主变压器低后备动作跳开 1 号主变压器变低 501 断路器并闭锁 500 备用电源自动投入装置，最终导致 10kV 1M 母失压。

事故另一原因是 10kV 馈线线路保护与主变压器低后备限时速断保护匹配上未能考虑多条馈线相继发生短路故障且故障时间连续的情形，导致主变压器低后备保护越级跳闸的发生。

4　事故总结

这是一起由于同杆架设的馈线发生故障时，导致同杆塔的馈线相继发生故障，因瞬时性短路故障时间连续导致故障总持续时间达到主变压器低后备保护限时速断动作时间，从而使得主变压器越级跳闸。虽然在日常工作中这种情况出现的概率比较低，不过通过这次分析及处理的过程，可以极大地提高目前运行人员对于此类故障的认识，对于查找故障提供一个方向，并且如果以后发生同类事件给予一定的参考，使运行人员可以更快地排除故障，保障电网的安全稳定运行。另外，针对本次事故的发生，经过深入研究分析事故事件发生经过，透析了事件发生的各方面原因，为防止再次发生类似事故，也为其他存在相同隐患变电站的预防工作提供思路，并提出以下几点防范措施：

（1）适当延长主变压器低后备保护的动作时间。将主变压器低后备过流Ⅰ段时间由原来的0.5s改为0.8s。

（2）适当缩短馈线保护的动作时间，将馈线过流Ⅰ段时间由原来的0.3s改为0.2s。

（3）将同杆架设的馈线分至不同母线供电。减少同杆架设故障引起同一台主变压器故障电流过大而损坏主变压器。

主变压器轻瓦斯动作
—— 故障分析 ——

1 事故简介

2016 年 12 月 15 日 04 时 30 分，CW 变电站 1 号主变压器本体轻瓦斯动作信号发信，运行人员到现场进行检查，当时主变压器本体油位指示为 6 格，气体继电器的观察窗口出现无油区，疑似气体积聚，需要将 1 号主变压器紧急停运进行检查。事故现场如图 1、图 2 所示。

图 1　本体储油柜油位

设备缺陷（故障）发生后造成的影响如下：

(1) 1 号主变压器非计划停运两天，无负荷损失。

(2) 2 号主变压器供 10kV 1M 与 10kV 2 甲 M，预测峰期存在负荷缺口

9MW；3号主变压器供10kV 3M与10kV 2乙M，预测峰期存在负荷缺口5MW，需分局做好负荷转移及错峰轮休工作。

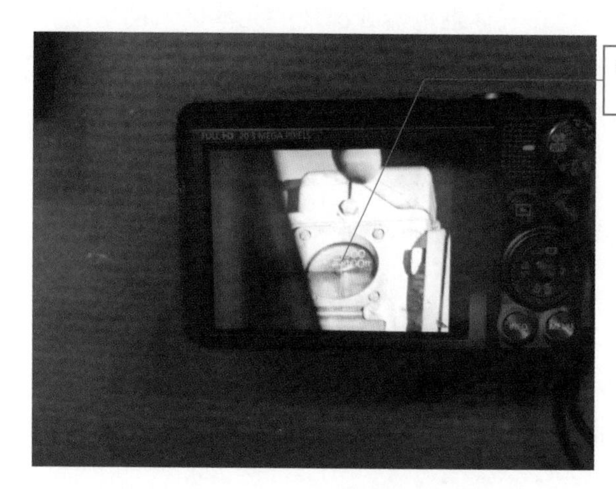

图2　气体继电器观察窗

2　事故分析

(1) 缺陷（故障）过程分析。变压器轻瓦斯动作原因可以从以下几个方面考虑：

1）因滤油、加油或冷却系统密封不严以至空气进入变压器。现场对主变压器套管及散热片放气塞进行排气，并未发现有大量气泡出现，可以排除。

2）变压器故障产生少量气体。从采集气体的化验结果来看，氢气、一氧化碳、甲烷、乙烷等气体含量极微，与正常主变压器采集的气体成分相差不大，本体油化验数据合格，内部故障产生的气体可能性不大。

3）气体继电器二次回路故障。现场将气体继电器排气后，轻瓦斯动作信号复归，可以排除气体继电器二次回路故障。

4）因温度下降或漏油致使油面低于气体继电器轻瓦斯浮筒以下。从现场检查情况来看，放气塞初始排气时气体是往瓦斯内部吸气，化验结果为极微量气体，可以推断气体继电器的“无油区”为负压区。拆下呼吸器法兰时气体大量溢出，说明呼吸器堵塞，其结果使得储油柜失去了为变压器本体油热胀冷缩而补偿的作用。温度高或负荷高时，变压器本体油膨胀，温度低或负荷低时，变压器油体积收缩，储油柜因呼吸器堵塞失效油不能及时补充过来，导致本体负压区的产生，在气体继电器处出现“无油区”的情况，温度及负荷的不断变化，气体继电器内的油位不断变化，温度较低时，特别是昼夜温差较大时，油位下降更为明显，油位降低到气体继电器整定值发出轻气体动作信号。

理想情况下胶囊式储油柜示意如图 3 所示。

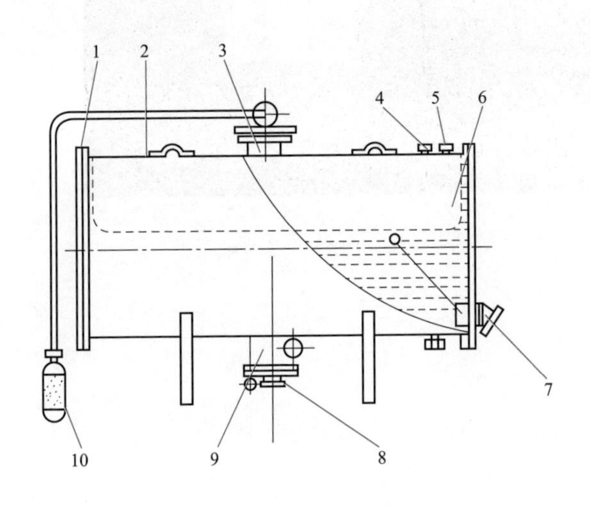

图 3　理想情况下胶囊式储油柜示意图

1—端盖；2—柜；3—罩；4—胶囊吊装器；5—塞子；6—胶囊；7—油位计；8—蝶阀；9—集气室；10—吸湿器

检查本体呼吸器，从呼吸器结构及观检查来看，呼吸器与外界气体交换的通道为：油杯—A 入气孔—B 入气孔—硅胶—呼吸器顶端入气孔—呼吸器联管口，现场检查 A 玻璃孔、B 入气孔及呼吸器顶端入气孔未见堵塞，而拆油杯时需用力拧开，初步判断是由于油杯胶圈压得过紧，导致呼吸器与外界交换气体不顺畅，最终导致呼吸器堵塞的情况发生。

1 号主变压器本体呼吸器如图 4 所示。

(2) 同类型设备运行情况。草围站三台主变压器均为同类型设备，目前 2、3 号主变压器运行，气体断电器观察窗油位正常，呼吸器有气泡正常工作。

图 4　1 号主变压器本体呼吸器

3　事故处理

（1）现场检查及处理情况。

1）检修专业对 1 号主变压器进行检测，1 号主变压器本体气体继电器正下方及 8 号散热片下方鹅卵石处有油迹，1 号主变压器连接净油装置接口法兰处有轻微渗漏油，油位表指示为 5 格多，气体继电器观察窗出现无油区，油位大概到 400ml 刻度线左右。1 号主变压器本体呼吸器硅胶轻微变色，油杯内的油迹较为浑浊。三相套管油位大概在观察窗口一半。

气体断电器外观和本体吸湿器外观如图 5 和图 6 所示。

2）检修班组对气体继电器进行处理，尝试打开放气塞进行排气（十几秒），发觉气体并未排出，关闭后再打开放气塞依然不行，用手感觉放气塞是往内吸气，后尝试打开本体呼吸器，拆下法兰时该处有大量气体排出，气体继电器油位未有变化，依然有气体，待呼吸器气体完全排出后，打开气体继电器放气塞，此时很快就可以将气体排出，多次排气后气体继电器油位恢复，并对实际油位校验，大概一半储油柜，油位标指示 5 格多。对套管，散热器放气塞排气，未见气体溢出，气体继电器放气塞处有渗漏油，由于该气体继电器只有前阀门，需要将主变压器油适当降低才能处理，随即延期至 12 月 16 日才完成对气体继电器放气塞处理及更换呼吸器。

本体吸湿器外观如图 7 所示，气体继电器放气塞如图 8 所示。

图 5　气体继电器外观

图 6　本体吸湿器外观

图 7　本体吸湿器外观

图 8　气体继电器放气塞

（2）试验情况。试验班组对气体继电器及 1 号主变压器进行了相关试验，试验数据均合格，如表 1 和表 2 所示。

表 1　　绕组变形及绝缘测试记录

测量方式	折算到 20°R15″	R00″	吸收比	结论
高到低地	9200	14720	1.6	高压绕组无明显变形
低到高地	6440	9200	1.4	低压绕组无明显变形
铁芯	3000			
夹件	3500			

表 2　　1 号主变压器油（气）试验数据

相序	油样中组分含量值（单位 μL/L）							
	氢（H_2）	甲烷（CH_4）	乙烷（C_2H_6）	乙烯（C_2H_4）	乙炔（C_2H_2）	一氧化碳（CO）	二氧化碳（CO_2）	总炔
1 号主变压器瓦斯	3.46	3.61	0.6	4.13	0	2.26	2534	8.34
1 号主变压器下部	12.14	5.59	0.94	6.96	0	542	4065	13.49
1 号主变压器本体预试	7.29	3.96	0.57	4.29	0.06	296	2386	8.88

4　事故总结

（1）1 号主变压器本体呼吸器油杯设计不合理。油杯端口通过密封胶圈与呼吸器底部相连，若压得过紧，外界气体不易进入油杯内部。

（2）工作人员对该呼吸器结构不熟悉，导致油杯上得过紧

（3）巡视时对呼吸器关注力度不够，未及时发现呼吸器堵塞。

（4）建议取消呼吸器油杯的密封胶圈，备品申购时关注呼吸器该部位的设计是否引起气体交换不畅。

（5）对工作人员进行培训，了解呼吸器结构，学习本次事故事件，避免油杯上得过紧引起呼吸器堵塞的事件重复发生。

（6）加强巡视时对呼吸器关注力度，观察呼吸器有无油迹变化，是否产生气泡，确保呼吸器正常工作。